AF454044

4ᵉ EXPOSITION

DES PRODUITS

DES MEMBRES

De l'Académie de l'Industrie,

A L'ORANGERIE DES TUILERIES,

EN 1840.

CATALOGUE

DES PRODUITS

ADMIS A CETTE EXPOSITION,

RÉDIGÉ

Sur les notices remises par MM. les Industriels.

CE LIVRET SE DISTRIBUE

A l'Orangerie des Tuileries, galerie d'exposition,

Et au bureau de l'Académie de l'Industrie,

Rue Neuve-des-Capucines, 7.

PARIS,

IMPRIMERIE DE GUIRAUDET ET JOUAUST,

Rue Saint-Honoré, 315.

—

1840

BUT

DE LA SOCIÉTÉ.

Chaque année l'Académie de l'industrie fait une exposition des produits de ses membres. Celle de 1840 se tiendra à l'Orangerie des Tuileries, et ouvrira le 15 juin pour durer jusqu'au 6 juillet.

Tous les jours des comités spéciaux examinent les objets qui lui sont adressés par les membres au local de l'Académie, et ceux qui ne peuvent être déplacés sont examinés par une commission qui se rend sur les lieux. Des rapports sont faits sur ces objets.

Pour obtenir ces résultats, 1° elle propose et décerne des prix et des récompenses; 2° elle accorde des médailles d'honneur en or, platine, argent et bronze ; 3° elle correspond avec les corps savants et les établissements industriels.

L'Académie publie un journal semi-périodique contenant 1° l'exposé des comptes rendus de ses séances et de ses actes, les décisions de son conseil d'administration, le dépouillement de la correspondance, la nomenclature des ouvrages offerts, l'examen des principes et des méthodes les plus favorables aux progrès des trois industries; 2° les ouvrages couronnés par elle; 3° les renseignements qu'elle peut se procurer sur les établissements, les travaux et les productions en tout genre qui, dans les divers pays, ont pour objet l'amélioration et l'avancement des industries agricole, manufacturière et commerciale.

L'Académie publie également, et aussi souvent que ses facultés financières peuvent le lui permettre, la collection des documents imprimés ou manuscrits recueillis dans les ouvrages, mémoires ou rapports, tant anciens que modernes, en langue française ou étrangère, relatifs à l'industrie.

L'Académie se compose aujourd'hui de 2,553 membres français et étrangers, y compris les membres correspondants.

On fait partie de la Société comme membre *titulaire* ou *correspondant*.

Les membres titulaires peuvent être ou *copropriétaires*, payant une cotisation annuelle de 30 fr., ou *non copropriétaires*, ne payant par an que 15 fr.

Les membres *copropriétaires* jouissent de plusieurs avantages, dont un des principaux est de recevoir *gratuitement* les publications de toute nature ordonnées par l'Académie.

Les *non-copropriétaires* ne reçoivent que le journal mensuel de ses travaux, mais aucun de ses mémoires.

La qualité de membre *copropriétaire* n'engage jamais à d'autre solidarité que celle de la cotisation annuelle de 30 fr.

Dans le cas de dissolution de la Société, les copropriétaires *seuls* sont appelés à jouir des *droits spéciaux* que leur accordent les statuts constitutifs.

Pour faire partie de l'Académie, il faut être présenté par un membre, et être agréé par le conseil d'administration.

Les personnes désignées aux suffrages de l'Académie sont priées d'indiquer avec précision, dans leur lettre d'adhésion aux statuts, *le titre* sous lequel elles désirent être inscrites sur les listes de l'institution, et *d'écrire très lisiblement* leurs nom, prénoms, qualités, lieu de leur domicile, etc.

Les titres précités ne peuvent s'accorder qu'aux personnes qui se soumettent à l'une des cotisations annuelles ci-dessus prescrites.

Tous les membres indistinctement ont le droit de présenter des candidats, de jouir de la bibliothèque, des dépôts et archives de la Société, d'assister aux séances générales et des comités, etc.

Ils peuvent passer d'une classe dans une autre, et même se retirer entièrement, en prévenant le conseil, avant la fin de chaque année, de leurs intentions à cet égard. Ils paieront toutefois la *cotisation* de l'année commencée.

Ils reçoivent un diplôme *en papier* ou *en parchemin*, à leur choix. Le premier, dont le prix est de 5 fr., est *obligatoire;* le second, dont le prix est de 15 fr., est facultatif.

L'Académie publie régulièrement, depuis sa fondation, sous le titre de *Journal de ses travaux*, un bulletin mensuel qui, indépendamment de l'analyse de ses séances, rapports, etc., contient un grand nombre d'articles capables d'intéresser à un haut degré les agriculteurs, les manufacturiers et les commerçants.

Tous les numéros parus depuis le 1er janvier de l'année de leur admission, ainsi qu'un diplôme, sont adressés francs de port aux membres cotisés, dès qu'ils *ont adhéré par écrit* aux statuts de la Société, et acquitté le montant de la cotisation et du diplôme.

Outre le journal mensuel de ses travaux, l'Académie publie un recueil de *Mémoires* qui n'est envoyé *gratuitement* qu'aux membres qui paient une cotisation annuelle de 30 fr. Quatre volumes de ces Mémoires et dix du Journal ont paru.

Elle met annuellement au concours un ou plusieurs sujets de prix, indépendamment des sommes destinées à délivrer des *médailles d'honneur d'or*, de platine, d'argent et de bronze, aux membres de la Société dont les *communications* sont jugées les plus utiles, et aux auteurs des découvertes les plus importantes.

Les mémoires, documents, communications, que les membres de l'Académie ou autres personnes veulent bien lui adresser, sont insérés, en leur nom, quand les comités les ont jugés utiles, dans son bulletin mensuel, ou dans le recueil de ses Mémoires, sous un numéro d'ordre, et concourent pour les récompenses qui sont distribuées annuellement.

Les cotisations annuelles doivent être versées *intégralement* dans la caisse de l'Académie, au plus tard, dans les deux premiers mois qui suivent l'admission des membres, quelle que soit l'époque de cette admission. Elles sont renouvelées chaque année, dans le mois de janvier ou de février, par un mandat sur la poste qu'on délivre dans tous les bureaux du royaume, ou par un bon sur le trésor royal ou sur une maison de commerce de Paris.

Tous les envois d'argent se feront par la même voie ou par celle des messageries et diligences.

—

RÈGLEMENT

Art. 1er. — Les membres seuls de l'Académie de l'industrie sont appelés à pouvoir concourir à cette exposition, qui se tiendra dans le local de l'Orangerie des Tuileries.

Art. 2. — Tout membre démissionnaire ou dont le paiement de la cotisation est arriéré de six mois ne pourra être inscrit sur la liste des concurrents qu'après avoir été représenté à la commission supérieure, qui verra s'il y a lieu de le conserver sur la liste des membres de la Société.

Art. 3. — Les objets appartenant aux membres de l'Académie de l'industrie seront seuls admis à cette exposition.

Art. 4. — Avant de pouvoir être exposés, tous les objets seront soumis à l'examen préalable d'un jury d'exposition.

Art. 5. —Les objets nouveaux sur lesquels il n'aura pas été fait de rapport ne pourront concourir, pour cette année, aux médailles et récompenses qui seront décernées en séance générale le dernier jour de l'exposition.

Cependant les produits qui n'ont pas été l'objet d'un rapport spécial de l'un des comités et qui auront été présentés avant l'ouverture de l'exposition seront, dans le plus court délai possible, le sujet de rapports spéciaux, que l'on adressera aux membres de l'Académie, ainsi qu'aux Sociétés savantes et industrielles; et les exposants qui, pour l'invention ou le perfectionnement de ces objets, auront droit à des récompenses, les recevront à la séance générale de 1841.

ART. 6. — Le jury d'exposition est formé d'une commission spéciale composée de MM. César Moreau, directeur général; le général baron Juchereau de Saint-Denis, président; Malepeyre aîné, vice-président; Odolant-Desnos, secrétaire; Cailleau, président du comité d'agriculture; Malepeyre jeune, président du comité du commerce; Ciriac Moreau, président du comité des finances, et de M. Châtelain, secrétaire du comité d'agriculture, commissaire adjoint.

ART. 7. — A dater du 15 mai, les membres de l'Académie qui voudront concourir seront tenus de se présenter dans les bureaux de la Société, rue Neuve-des-Capucines, n° 7, pour se faire inscrire et faire connaître les objets qu'ils se proposent d'exposer.

ART. 8. — Les noms de tous les concurrents seront chaque jour mis sous les yeux du jury d'exposition, qui vérifiera si les personnes incrites ont le droit de concourir, et jugera si leurs produits peuvent être admis.

ART. 9. — Après ces formalités remplies et constatées par un procès-verbal du jury d'exposition, tout membre admis à exposer recevra directement par la poste un numéro d'ordre auquel répondra un emplacement particulier dans le local de l'exposition.

ART. 10. — Tout exposant devra accepter la place que MM. les commissaires de l'Académie auront assignée à son numéro d'inscription, et il devra se soumettre à toutes les mesures d'ordre et de police que ces commissaires jugeront nécessaires.

ART. 11. — Chaque exposant, pour entrer des produits dans les salles de l'Orangerie, devra présenter son numéro d'ordre; et il sera tenu de venir occuper l'emplacement correspondant à son numéro, dans les quatre jours qui précéderont l'ouverture de l'exposition ; dans le cas contraire , MM. les commissaires sont autorisés à disposer de sa place.

Art. 12. — MM. les exposants se chargeront, comme les années précédentes , des frais de transport, d'étalage, et de tous les autres menus frais particuliers d'entrée , de conservation et de sortie, que l'exposition de leurs objets pourra occasionner.

Art. 13. — Dans leur propre intérêt , MM. les exposants devront placer et maintenir à leur étalage une personne de confiance , tant pour la sûreté de leurs objets que pour répondre aux observations du public.

Art. 14. — Tout objet une fois entré dans les salles de l'exposition ne pourra en sortir que sur la présentation d'une permission spéciale de sortie , signée au moins de l'un des commissaires de service, qui ne la délivrera, s'il ne connaît pas le demandeur, que sur l'exhibition de son bulletin d'inscription.

Art. 15. — MM. les exposants des départements, ainsi que des pays étrangers, seront tenus d'avoir un correspondant à Paris, qui sera chargé de remplir toutes les obligations imposées aux exposants dans le présent règlement.

Art. 16. — Tout exposant pourra vendre ceux de ses produits exposés ; mais il ne lui sera permis de les livrer aux acquéreurs qu'après la fermeture de l'exposition.

Art. 17. — L'exposition commencera le 15 juin et finira le 6 juillet ; elle aura lieu tous les jours depuis midi jusqu'à cinq heures du soir.

Le public ne sera admis dans les galeries de l'exposition que sur la présentation d'un billet , ou d'une médaille de pair, de député , de sociétés savantes, ou de celles délivrées dans les expositions nationales.

Quant à MM. les pairs et les députés, ils seront seuls admis à visiter la galerie d'exposition depuis 10 heures jusqu'à midi.

MM. les surveillants du palais des Tuileries seront chargés de la police intérieure des galeries d'exposition.

La séance générale dans laquelle seront décernées les médailles méritées dans le courant de 1839-1840 aura lieu à la fin de l'exposition.

(Approuvé par les membres du conseil de l'Académie de l'industrie, en séance extraordinaire tenue le 16 avril 1840.)

MM. le duc DE MONTMORENCY, O. ✳, pair de France, président de l'Académie; — César MOREAU ✳, directeur général; — Le général baron JUCHEREAU DE SAINT-DENYS, C. ✳, secrétaire général.

CATALOGUE
DES PRODUITS
DES MEMBRES
DE L'ACADÉMIE DE L'INDUSTRIE
Exposés en 1840.

1.—GODILLOT père et fils, MALLETIERS, brevetés du roi, à Paris, rue Saint-Denis, n. 278.

Fondateurs d'une branche d'industrie qu'ils exercent et perfectionnent depuis vingt ans, ces fabricants, à force de travail, sont parvenus à surmonter toutes les concurrences, et à remplacer les articles anciens par des modèles légers, commodes et portatifs, en y faisant subir une très grande baisse dans le prix, tout en augmentant la qualité.

On trouve dans leurs ateliers quantité d'articles dignes de fixer l'attention, tels que malles pour voyages lointains, contenant tout ce dont un voyageur peut avoir besoin dans un pays inhabité, tente et accessoires, tables, chaises et articles de cuisine. Ils confectionnent aussi d'autres malles dans la dimension exigée par les nouvelles malles-postes avec compartiments-tiroir-nécessaire, des étuis à chapeaux de tous les modèles, des sacs de voyage, coussins, chauffe-pieds, chancelières, boîtes à robe et chapeau d'un nouveau système pour les dames; ils fabriquent enfin des tentes portatives d'une nouvelle invention, pouvant servir de chambre noire pour Daguerréotype; des tentes pour voyages lointains, des moustiquaires, des tentures pour jardins, des marquises et des kiosques.

On ne peut que recommander aux amateurs de visiter les vastes magasins de ces industriels pour juger par eux-mêmes de ce qu'ils avancent.

2.— LEMARE (Veuve), brevetée du CALÉFACTEUR, quai Conti, n. 3, à Paris.

Ayant obtenu diverses médailles d'or et d'argent.
Expose des caléfacteurs perfectionnés ou appareils pro-

pres à faire cuire à la fois, avec une livre de charbon, de deux à sept plats, y compris le rôti pour quatre à six personnes; des alambics de ménage, des cylindres de bain, des cafetières, des réchauds, et des lampes bougeoirs.

3.— MONTURIÉ, serrurier mécanicien, fabricant de SERRURES INCROCHETABLES, rue Saint-Jacques-la-Boucherie, n. 15, à Paris.

Expose une serrure incrochetable d'un prix tout aussi modéré que celui des serrures ordinaires de Picardie, et d'une sûreté parfaite, car aucun crochet ne peut y être introduit, et il est impossible de prendre des empreintes sur son entrée. Il applique ce système à toutes les anciennes serrures, et fait toute la serrurerie de ville. Il expose également plusieurs autres serrures et divers objets de son invention.

4. — PROESCHEL, tapissier, fabricant de FAUTEUILS MÉCANIQUES, à Paris, boulevard Saint-Martin, n. 4, et boulevart des Capucines, n. 15.

Expose des fauteuils mécaniques dans lesquels un malade ou un infirme peut, sans le secours d'aucune autre personne, avancer, reculer, se retourner, et enfin se promener dans tous les sens dans un appartement ou dans les allées des parcs et des jardins. On peut aussi, étant assis dans ces fauteuils, lire ou écrire, en hausser ou en baisser le siége, et satisfaire tous ses caprices ou soulager tous ses besoins.

Il expose ensuite des sommiers et matelas élastiques à l'abri des punaises, et ayant cela de remarquable qu'ils peuvent se plier et se rouler en tous les sens comme un lit de plumes ou un matelas ordinaire.

5.— GÉRARD (Hubert-Joseph), fabricant D'OUTILS MONTÉS, à Paris, rue Saint-Antoine, n. 195.

M. Gérard se livre tout spécialement à la fabrication et à la construction des montures de toutes espèces d'outils ; aussi MM. les quincailliers trouveront toujours dorénavant chez lui un assortiment de montures pour les outils de menuisiers et d'ébénistes pareilles à celles qu'il expose.

6.— PLACE, entrepreneur de PLOMBERIE, à Paris, rue du Temple, n. 76.

M. Place, tout en se livrant à la fabrication et à la pose de tous les ouvrages de plomberie, s'est appliqué depuis quelque temps à la fabrication des ouvrages en zinc, métal qui se soumet difficilement aux volontés de l'ouvrier, et qu'il est parvenu, à force de recherches et de soins, à courber suivant ses volontés.

Il expose divers échantillons *d'ardoises en zinc agrafées sur les quatre faces*, ainsi que plusieurs autres produits de sa fabrique.

7.— CROIZIER-LAFONT, fabricant de BONNETERIE, rue des Gras, n. 14, à Clermont-Ferrand (Puy-de-Dôme).

Ce fabricant, auquel l'Académie de l'industrie a décerné une médaille d'argent, soumet à l'examen du public un assez grand assortiment d'échantillons de bas pareils aux produits qui sortent journellement de sa fabrique; ils sont remarquables surtout par la finesse et l'égalité de leur travail, comparés avec des tricots portant un même nombre et une même qualité de fils : ce qui est dû aux soins particuliers que M. Croizier-Lafont peut donner à ses ouvriers.

Ce fabricant se charge de la confection de toutes espèces de bas, soit pour la vente courante, soit pour trousseaux, et fabrique également sur demandes les chaussettes, bonnets, caleçons, pantalons, gants, et autres objets de bonneterie.

8.— JOLIET, TABLETIER DU ROI, à Paris, au Palais-Royal, galerie d'Orléans, n. 12, et, du côté du jardin, n°s 198 et 199.

Ce fabricant expose diverses tabatières pareilles, pour la perfection du travail, à celles qu'il a fournies à la famille royale, et qui lui ont mérité une mention honorable à l'exposition de 1839 et l'honneur d'être breveté du titre de tabletier du roi. Il expose et tient également un grand assortiment de pipes d'ambre et d'écume, de nécessaires, de brosserie, de peignes, et d'autres objets de tabletterie.

9.— DESBORDES, fabricant breveté d'INSTRUMENTS DE MATHÉMATIQUES, à Paris, rue Ménilmontant, n. 3.

Expose les instruments suivants, par lui inventés ou perfectionnés :

Un niveau-cercle à lunette et à vis calante, sur lequel M. Olivier a fait à la Société d'encouragement un rapport des plus favorables.

Une machine pneumatique à double épuisement, ainsi

que l'avait imaginée M. Babinet ; seulement, au lieu d'avoir trois robinets, ce qui offre un grave inconvénient quand on veut faire le vide, cette machine est perfectionnée de manière que l'on a supprimé deux de ces robinets en faisant dans la masse du cuivre un carré rectangulaire, et en combinant par la diagonale des trous coudés, au sommet desquels on a placé des soupapes à cônes tronqués; perfectionnement qui simplifie cette machine en augmentant de beaucoup ses avantages, et permet de la confectionner, pour un même prix, sur une plus grande échelle. Déjà plusieurs de ces machines, établies sur une très grande dimension, ont été livrées au Conservatoire des arts et métiers de Paris et à l'Ecole des arts et métiers d'Angers.

Un niveau-indicateur pour placer sur les chaudières à vapeur marchant à haute ou basse pression, et ayant été approuvé par beaucoup d'ingénieurs et de propriétaires de machines à vapeur, parce qu'il offre des moyens de sécurité qui lui ont fait donner le nom de *niveau de sûreté*. La solidité de sa construction lui permet de supporter les plus hautes températures ou pressions de vapeur, et il est établi de manière que le gardien peut arrêter immédiatement toute communication de l'eau ou vapeur de l'intérieur à l'extérieur si le tube venait à se fendre.

Divers manomètres et ventimètres.

Presse hydraulique avec cylindre en verre pour faciliter sa démonstration.

Petites machines à vapeur réduites à un très petit volume, avec cylindres en verre pour permettre de voir fonctionner tous ses mouvements et donner une explication ostensible du jeu de toutes les parties qui les composent.

Boîtes de mathématiques, et assortiment de compas dits *compas à la Desbordes*, de toutes grandeurs et de tous les prix.

10. — TINET, fabricant de porcelaines, à Paris, rue du Bac, n. 39, propriétaire de la fabrique de Montreuil-sous-Bois.

Expose plusieurs vases et un assortiment d'objets en porcelaines chinoises et japonaises de la fabrique de Montreuil-sous-Bois, près Vincennes.

Ces porcelaines, qui ont été admises à l'exposition de 1839, et qui ont obtenu un si grand succès depuis cette époque, sont remarquables par l'originalité de leurs formes, la richesse de leurs décors, et surtout par leur parfaite ressemblance avec les véritables porcelaines de Chine.

11.— CARREAU, fabricant de LAMPES, à Paris, rue Croix-des-Petits-Champs, n. 27.

Expose des lampes simplifiées de toutes les hauteurs depuis 35 fr. jusqu'à 50 ou 60, et au dessus, suivant la richesse de leur modèle.

Cette lampe, lors de l'exposition des produits de l'industrie en 1839, a été regardée par le jury central comme le perfectionnement le plus remarquable apporté à la lampe mécanique.

La simplicité du mécanisme, qui permet de l'établir à bas prix et qui fait disparaître les chances de dérangement, a mérité à l'inventeur le rapport le plus favorable et la seule médaille d'argent qui ait été accordée à ce genre d'industrie en 1839.

12.— BEROLLA, fabricant d'HORLOGERIE, à Paris, rue de la Tour, n. 2, derrière le théâtre de la Gaîté.

Fabrique et expose les divers objets qui suivent :

Un *échappement* à force constante et entièrement nouveau;

Un *compteur* à deux corps de rouages réglé par un seul échappement;

Un appareil nouveau à *secondes mortes* applicable aux montres et aux pendules;

Une *nouvelle quadrature* à grande et petite sonnerie ;

Une *pendule à répétition* déjà adoptée et imitée par plusieurs fabricants.

Une pendule avec *répétition d'heures et de quarts*, répétition que l'on fait sonner à volonté ;

Une *sonnerie à chaperon* rendue à répétition.

13.— ETARD, layetier-emballeur, fabricant breveté pour les BOITES ÉTARD PERFECTIONNÉES, à Paris, rue Pagevin, n. 4, et rue du Petit-Reposoir, n. 6.

Ces *boîtes Etard perfectionnées* qui sont exposées cette année à l'Orangerie, tout en n'étant pas d'un prix plus élevé que celui des anciennes, ont l'avantage de répondre à toutes les exigences d'un bon emballage ; elles remplacent, pour les dames qui vont en voyage, l'emballeur, qu'elles ne trouvent pas toujours fort habile en province, et permettent à la main la moins exercée de faire sur-le-champ un emballage parfait.

14.—CARETTE, tapissier décorateur, breveté,

fabricant de CHASSIS MOBILES, à Paris, rue du Faubourg-Poissonnière, n. 41.

Il expose des *châssis mobiles* propres aux décors et aux tentures d'appartements. Ces châssis, qui ont obtenu une mention honorable en 1839, méritent d'attirer l'attention du public sous le rapport de la salubrité, car ils isolent les papiers et étoffes des murs, permettent à l'air de circuler derrière ces tentures et les préservent ainsi de l'humidité.

Comme *économie*, ils permettent, à la fin de la belle saison, quand on quitte les châteaux et les maisons de campagne, d'enlever des murs les tentures, de les mettre au sec pendant l'hiver, et de les reposer à leur place au printemps sans qu'elles aient éprouvé de détérioration;

Enfin, comme *agrément*, on peut avec ces châssis ou transformer à l'improviste une grande pièce en deux, ou établir à volonté des pavillons dans des parcs et jardins.

15.— HANDUS, chapelier, breveté du roi, fabricant de CHAPEAUX IMPERMÉABLES à la sueur, à Paris, rue Neuve-des-Petits-Champs, n. 47, et rue de Valois (Palais-Royal), n. 6.

Jusqu'à présent la chapellerie n'avait pas encore pu empêcher les personnes qui transpirent de la tête de détériorer au bout de quelques semaines d'achat les chapeaux de soie; mais aujourd'hui ces mêmes chapeaux, exposés par M. Handus, sont tellement bien rendus imperméables par son procédé, qu'ils ne peuvent plus être aucunement salis par la transpiration.

Ce chapelier confectionne aussi tous les autres articles de sa partie et expédie dans les départements et à l'étranger.

16.— VILLOT, fabricant de VANNERIE, à Paris, rue Croix-des-Petits-Champs, n. 23.

L'art du vannier depuis quelque temps a fait un immense progrès : aussi M. Villot ne s'en tient plus à la confection de ces grossiers paniers dont les travaux journaliers des fermes ou des basses-cours et cuisines peuvent avoir besoin, mais il se livre à la fabrication d'objets de fantaisie d'un goût souvent des plus gracieux. Les articles à jours sont même tellement jolis et réguliers, qu'ils remplacent avec le plus grand succès auprès des dames le canevas en fil, et maintenant elles brodent ou couvrent chaque jour d'ornements une foule de ces articles. Aussi M. Villot s'applique-t-il à n'avoir dans ses magasins que des objets en vannerie fine les plus nouveaux et du meilleur goût : ainsi l'on y remarque dans ce moment les *vases Mazagran*, les *paniers Pompadour*, des *corbeilles suisses et napólitaines*, des *corbeilles* et *paniers bergères des Alpes*, des *vases à fleurs* de toutes les formes, et une multitude d'autres objets pour cadeaux ou pour usages journaliers, tous parfaitement gracieux, très bien travaillés, d'un prix modéré, et ne laissant rien à désirer sous le rapport de la solidité.

17.— BLANCHETIÈRE, tailleur, breveté pour l'invention d'un COMPAS MÉTRIQUE pour prendre des mesures exactes, à Paris, rue du Hasard, n. 1, près la rue de Richelieu.

L'élégance de la coupe d'un habit dépend de l'exactitude que l'on met à prendre les mesures ; mais les moyens jusqu'à présent usités n'empêchent pas d'être obligé de saisir d'idée les variations de la taille : aussi est-ce pour éviter cet inconvénient que M. Blanchetière a imaginé son *compas métrique*.

18.— FEUILLATRE, mécanicien, fabricant breveté de GARDEROBES et de BIDETS HYDRAULIQUES, à Paris, rue Croix-des-Petits-Champs, n. 39.

Ce fabricant expose des *garde robes mobiles* et immobiles hydrauliques brevetées en 1840. Ce dernier brevet lui a été accordé pour avoir imaginé un robinet de sûreté exempt de toute espèce de fuite et pouvant empêcher tous les accidents occasionnés par la gelée, avantage immense qui ne se trouve dans aucune des garde-robes fabriquées jusqu'à ce jour.

M. Feuillatre a obtenu à l'exposition nationale de 1839 la médaille d'honneur pour ses premières garde-robes brevetées de 1836, ainsi que pour l'invention du *bidet hydraulique*. Ce dernier appareil a déjà été adopté par plusieurs médecins célèbres, particulièrement pour les douches, les injections et les remèdes. Quant aux services de toilette et de propreté, il offre également sous ce rapport tous les agréments possibles, car il est d'un usage beaucoup plus commode que tous les autres meubles de ce genre.

19.— MARINET, miroitier, fabricant de PLAQUES DE PROPRETÉ pour les portes, à Paris, rue des Francs-Bourgeois, n. 4, au Marais.

Il expose des *plaques de propreté* en glaces de toutes couleurs et de toutes dimensions pour remplacer celles en cuivre. Ces plaques en glaces ont l'avantage sur celles-ci de pouvoir s'harmoniser avec les décors de tous les appartements, et n'ont surtout pas comme elles le grave inconvénient de laisser aux mains une odeur de cuivre désagréable. Le toucher ne peut les oxyder, et il est facile de toujours les tenir très propres en les lavant de temps en temps avec une éponge ou simplement en les essuyant avec un vieux linge.

M. Marinet tient également un assortiment de glaces nues et montées de toutes les grandeurs.

20.—SAVOURÉ (Mme), fabricante d'ARTICLES DE PÊCHE, rue Saint-Denis, n. 243, au 2e, à Paris, honorée d'une citation favorable à l'Exposition nationale de 1839.

Elle expose des *lignes* appropriées pour pêcher les poissons d'eau douce et montées avec des bouchons en liége peint (imitation anglaise).

Cette fabrique est la première qui ait remplacé l'emploi de la cire à cacheter, dont on recouvrait autrefois les bouchons, par une peinture à l'huile non susceptible de se dilater dans l'eau. Elle est aussi l'inventeur d'une soie transparente, élastique et sans torsion, d'une force extraordinaire, ainsi que d'une liqueur odoriférante pour attirer les poissons.

Sa vente principale est la vente en gros pour la France et l'étranger ; elle occupe jusqu'à 30 ouvriers pour tout ce qui est relatif à cette partie.

21.—LEFEBVRE, fabricant de PATE A RASOIRS, à Paris, quai de l'Ecole, n°s 20 et 22, en face les bains du Louvre.

Ayant reçu une mention honorable à l'exposition nationale de 1839.

M. Lefebvre expose une *pâte à rasoir* dite *Augustine*, perfectionnée, pour les cuirs à rasoirs, de l'invention du sieur Auguste-Félix Lefebvre, ayant obtenu du jury central de 1834 une citation honorable. Cette pâte a été soumise à l'examen de la commission établie par M. le pair de France, préfet du département de la Seine, pour recevoir les produits de l'industrie de 1839 ; elle a été admise à la majorité du jury comme étant supérieure à toutes celles produites jusqu'à cette époque. Cette pâte est reconnue propre à être employée sur tous les cuirs à rasoirs sans distinction. Elle a la propriété de faire couper les rasoirs, et rase sans laisser aucun feu sur la peau. Lorsqu'on s'est rasé, on éprouve une fraîcheur, même sans s'être lavé. Le rasoir repassé sur cette préparation coupe la barbe la plus forte sans laisser de feu sur la peau. Pour éviter toute contre-façon, et que le public ne soit pas trompé par les coureurs des rues, le sieur Lefebvre prévient qu'il n'a aucun dépôt ailleurs que chez lui. On ne se procure de ces boîtes qu'à son domicile, à Paris, quai de l'École, n. 20 et 22. Pour é-viter au public la peine de monter, il y a chez sa portière un assortiment de cuirs à rasoirs depuis 1 fr. 50 c. jusqu'à 1 fr. 75 c., qui égalent ceux de 4 et 5 fr. Les boîtes de pâte sont aux prix qui suivent : 50 c., 75 c., 1 fr., 1 fr. 25 c. et 1 fr. 50 c.

MANIÈRE DE S'EN SERVIR.

Il faut gratter le cuir, et appliquer ensuite gros comme un petit pois de cette pâte avec le doigt. Le rasoir que l'on repassera sur cette préparation acquiert un grand degré de bonté, et coupe sans aucune douleur et sans laisser de feu sur la peau. Lorsque la température devient froide, il ne suffit que de présenter la boîte à la chaleur pour que la pâte s'étende bien sur le cuir.

22.— DUBUS-BONNEL, fabricant breveté de TISSUS DE VERRE, à Paris, rue de Charonne, n. 97, et dépôt rue de Cléry, 29, chez M. Salmon.

Si nos tentures bourgeoises en papier paraissent pauvres devant ces belles et anciennes tentures en damas, il faut convenir que ces dernières viennent d'être éclipsées par les nouvelles étoffes en tissu de verre que fabrique M. Du-bus-Bonnel.

Depuis long-temps, il est vrai, l'on connaissait la ductilité du verre incandescent, et Réaumur, dès le siècle dernier, comprenait déjà la possibilité de tirer des fils de verre aussi fins que ceux d'une toile d'araignée, et d'une longueur suf-fisante pour fabriquer des draps et des étoffes pour vêtement ; mais il restait à l'art du fileur à réaliser ces vues du génie, et au tisseur à les mettre en œuvre.

D'abord on se borna à faire avec ces fils de verre des perruques pouvant se boucler d'une manière permanente, et ayant la couleur et la souplesse des cheveux naturels ; mais cela ne fut rien quand on pense à tout le parti que M. Dubus-Bonnel a su tirer de ces fils si fins, si brillants et si fra-giles : car ce fabricant, comme on le voit par les échantil-lons qu'il expose, après être parvenu à donner aux fils de verre une flexibilité tellement grande, qu'ils se plient jus-qu'au nœud parfait, en a fait de diverses couleurs, et les a soumis aux coups du battant des métiers à tisser pour en fabriquer des étoffes qui imitent à s'y méprendre le brillant et les effets de lumière des brocards d'or et d'ar-gent ; elles étonnent par leur souplesse et leur moelleux, et elles présentent un éclat dont les reflets font ressortir la richesse de la couleur et du dessin d'une manière jusqu'alors inconnue. On dirait de ces magnifiques brocards d'or et d'argent semés de fleurs de couleurs différentes avec une pureté de dessin et une vivacité de nuances qui ne laissent rien à désirer. « L'éclat du jour, a dit Jules Janin, cet écrivain du monde fashionable, et l'éclat des lustres, remplissent cette étoffe des couleurs les plus variées. La lumière se joue à merveille dans ces draperies lucides ; le diamant n'a pas plus de feu : l'eau courante frappée du soleil vous donne une juste idée de ces tentures. Placez-les dans les maisons les plus fréquentées ; elles veulent la joie, la fête et l'éclat, car elles demandent à briller avant tout. »

Aussi ces étoffes, depuis quelque temps, sont beaucoup demandées pour les châteaux et les lieux publics désireux d'attirer la foule. Ainsi les cafés et les restaurants de Paris décorent leurs salons de ces riches tentures, et les seigneurs de Saint-Pétersbourg ne croient pas pouvoir mieux faire ressortir le luxe de leurs palais qu'en les ornant de ces tentures en tissu de verre, dont le mérite principal, en outre, est d'être moins chères que les brocards d'or et d'argent.

Cette dernière raison offre aux églises la possibilité de mieux faire briller le luxe des autels : car rien n'est beau, n'est magnifique comme un ornement complet en tissu de verre.

23. — Madame **DUMOULIN**, fabricante brevetée des CORSETS SANS GOUSSETS, à Paris, rue du 29 Juillet, n. 5.

Les *corsets sans goussets* exposés cette année dans l'Orangerie par Mme Dumoulin sont en tout semblables à ceux qui avaient été admis à l'exposition nationale de 1839, et qui lui ont valu une médaille d'honneur de l'Académie de l'industrie. Leurs avantages sont incontestables, comme le prouve l'extrait suivant d'un rapport fait en 1839 à cette Société. On y lit :

« Qu'ils maintiennent la taille gracieusement ; qu'ils ont l'avantage de ne jamais laisser la moindre trace sur les hanches des personnes les plus grasses ; qu'ils opèrent une compression égale ou directe, à volonté, sans nuire à l'aisance des mouvements ; enfin qu'ils soutiennent la gorge sans la fatiguer, et l'empêchent de se déjeter, et sans que la poitrine en souffre aucunement. »

24. — **ALLIX** fils (Jules), statuaire modeleur

en cire coloriée, breveté pour son COLORIS FIXE, à Paris, rue Hauteville, n. 33.

Cet artiste, auquel l'Académie de l'industrie a décerné une médaille d'argent, et qui a obtenu une mention honorable à l'exposition nationale de 1839,

Expose différents objets modelés en cire. Ainsi le *masque de Napoléon*, monté sur nature, et le *buste de lord Byron*, paraissent pour la première fois ; le *buste de Raphaël*, en cire polychrome, et *diverses statuettes* d'un fini parfait ; les *développements de l'implanté fixe*, qui donnent à MM. les coiffeurs la preuve de la solidité avec laquelle M. Jules Allix fixe les cheveux sur la tête de ses bustes ; on peut également apprécier les *corps en carton-cire* qu'il confectionne pour les chemisiers, les tailleurs, les fabricantes de corsets, les marchandes de modes et les coiffeurs, ainsi que ses *médailles pour enseignes*.

25.— GODIN, fabricant breveté de BILLARDS *avec table* en ARDOISE INDIGÈNE, rue Saint-Romain, n. 78, à Rouen (Seine-Inférieure).

Le *billard à table en ardoise* exposé cette année se fait remarquer par sa table, qui n'est pas composée de divers morceaux d'ardoise étrangère comme déjà on a pu en voir, mais *formée d'un seul morceau d'ardoise indigène*, ce qui l'exempte de tout joint, et garantit ainsi un roulement de billes parfaitement uniforme, avantage que vient encore augmenter le poli que lui donne M. Godin en la dressant au moyen d'un système particulier. On doit encore faire attention à la justesse des bandes, qui sont en outre dans ce billard établies d'après un mode entièrement nouveau.

26. — MOHR, fabricant de GARDE-ROBES MÉCANIQUES, à Paris, rue Saint-Antoine, n. 69, passage du Petit-Saint-Antoine.

Expose des garde-robes portatives et fixes construites d'après un nouveau procédé, et offrant tant pour la solidité que contre l'odeur des garanties que l'on rencontre dans fort peu d'appareils du même genre ; aussi leur succès va croissant, et leur vente augmente chaque jour.

27.— L'HUINTE, tapissier, fabricant breveté de SOMMIERS ÉLASTIQUES, à Paris, rue Meslay, n. 61.

Expose divers produits nouveaux de son invention, tels sont les suivants :

Elastiques isographiques n'ayant aucun des inconvénients que l'on reprochait aux anciens élastiques.

Matelas et *sommiers sans envers*. Il sont extrêmement simplifiés, n'ayant ni charpente ni châssis; ils sont flexibles sur tous les sens, et ne peuvent être brisés par aucune secousse.

N'ayant plus ni charpente ni châssis, ils n'ont plus besoin de sangles ou de treillage pour le fond, et ils sont ainsi fortement allégés.

N'ayant même plus de cordages comme tous les siéges garnis de ces élastiques, ils n'ont plus le désagrément que présentent les cordes qui maintiennent dans leur aplomb les anciens élastiques, cordes qui s'allongent, se détachent, font perdre aux élastiques l'aplomb de leur ligne verticale, laissent ainsi les toiles se détendre, et la garniture alors s'enfonce dans les intervalles, et rend les anciens élastiques fort incommodes.

Les *élastiques isographiques*, au contraire, forment un tout continuellement maintenu dans un aplomb, sans que rien puisse se détacher, ni les toiles ni la garniture.

Ils ont en outre le grand avantage de ne pas offrir de bourrelet inflexible sur les bords des sommiers et de tous les siéges : car ils suivent les contours des meubles en restant inflexibles tout autant que le milieu.

Il a inventé également une *machine à treillage*, et une *machine pour faire tourner* et revenir l'arbre d'un tour par un mouvement régulier avec la roue en volée tournant toujours du même côté, afin de faciliter la fabrication des colonnes torses et des vis en bois de toute grandeur.

28.— HURET, fabricant de COLS, à Paris, passage Saucède, n. 29.

Expose des cols fabriqués avec une espèce de crinoline fort solide et très fine; il a imaginé aussi de rendre le taffetas et les étoffes de soie propres à faire des chaussures entièrement imperméables à l'eau, ce qui pourra permettre aux dames de ne plus craindre d'être surprises pendant une promenade par la pluie, puisque des souliers confectionnés avec ce taffetas sont véritablement imperméables.

29.— LEFOYE, artiste en CHEVEUX, à Paris, rue Notre-Dame-de-Recouvrance, n. 20, au coin du boulevard Bonne-Nouvelle, en face le Gymnase dramatique.

Admis aux expositions nationales de 1827, 1834 et 1839. Cet artiste, dont les charmants ouvrages sont entièrement en cheveux, afin d'éviter la crainte que les cheveux soient changés, travaille devant les personnes sans augmentation de prix.

Parmi les ouvrages exposées par cet artiste, l'on peut porter son attention particulière sur un tableau en cheveux représentant une mère au tombeau de sa fille, dont la composition et le paysage sont d'un effet admirable;

Sur un tableau représentant deux jeunes personnes au pied d'une croix, de la plus belle exécution;

Sur le portrait de Luther, d'une parfaite ressemblance ;

Sur le tombeau de Larochejacquelin, et sur divers autres petits sujets dont l'exécution et la correction du dessin ne laissent rien à désirer.

On peut aussi apprécier les tresses de toute espèce de cet artiste pour cordons de sûreté, bracelets, tours de cols imitant le serpent, tachetés en fil d'or ou entièrement en cheveux, boucles d'oreilles, sentiments, bagues, boutons, broches, bourses, etc. La plupart de toutes ces tresses ont été inventées ou perfectionnées par cet artiste, et quoique souvent les cheveux soient très courts, les tresses qui se font dans cet établissement n'en sont pas moins unies et solides.

Il fabrique également depuis quelque temps des cols-cravates dont le tissu moelleux, de la plus grande finesse, est entièrement en cheveux, et qui, n'étant pas susceptible de se couper, surpasse en beauté et solidité celui des cols crinolines.

Nota. On trouve dans cet établissement un bel assortiment de garnitures en or.

30.— HESSELBEIN, fabricant de PIANOS, à Paris, rue Jean-Jacques-Rousseau, n. 8.

L'art du facteur de pianos a tellement fait de progrès à Paris, que cette ville est aujourd'hui le centre de ce genre de fabrication : aussi la quantité de ces instruments que l'on y fabrique et que l'on en exporte est immense ; c'est une des branches de l'industrie parisienne les plus importantes. Il ne faut donc pas s'étonner si la concurrence y redouble d'activité, et si chacun cherche à confectionner mieux et meilleur que ses rivaux ; c'est le but que s'est proposé M. Hesselbein, et il expose un *piano droit* de sa fabrique comme exemple de la perfection qu'il peut obtenir.

31.— SCHIERTZ, fourreur, fabricant de TAPIS, à Paris, rue des Lavandières-Sainte-Opportune, n. 31.

Ce fabricant, auquel le jury de l'exposition nationale de

1840 a décerné une citation favorable, fabrique des tapis en fourrures diverses françaises et étrangères.

On peut appeler l'attention du public sur les tapis qui sont admis à cette exposition, et dont le travail, ainsi que le choix et le mariage bien entendu des peaux, font le plus grand honneur à ce fabricant, qui toujours tient à la disposition du public un assortiment de tapis de toutes les formes et de toutes les grandeurs.

32.— DÉSORMES, fabricant breveté de RUCHES NOUVELLES, auteur d'un TRAITÉ SUR LES ABEILLES, à Paris, rue Cloche-Perche, n. 16, près la rue Saint-Antoine.

Ses travaux lui ont mérité une médaille d'honneur en 1837 à l'Académie de l'industrie.

Il expose une *ruche d'observation* d'un nouveau genre, une *ruche perpétuelle* inventée en 1835, et ayant reçu l'approbation de l'Académie de l'industrie en 1837 : c'est particulièrement en faveur de cette invention que cette Société lui a décerné une médaille et fait un rapport dans lequel on dit que cette ruche permet d'augmenter ou de diminuer sa grandeur, de rajeunir sa population sans nuire aux abeilles, de rendre son passage plus grand ou plus étroit, d'en extraire sans danger ni difficulté les essaims, d'entretenir en bon état de santé les abeilles pendant l'hiver, et de leur donner de la nourriture quand elles en ont besoin.

Il expose en outre une *ruche en paille* faite sur un métier;

Un *modèle de ruche* de son invention;

Un *laboratoire* de son invention *pour la manipulation du miel et de la cire;*

Divers exemplaires de son *Traité des abeilles.*

33.— BRIARD aîné, chimiste et parfumeur, breveté, à Paris, rue Neuve-des-Petits-Champs, n. 28, au premier.

M. Briard, fournisseur breveté de la maison de la Reine et de plusieurs cours étrangères,

Expose les produits suivants : *Eau Briard aîné* dite *phénomène* pour empêcher les cheveux de blanchir même dans un âge avancé, et les faire croître ou épaissir.

Teinture Briard aîné dite *mucilage* pour teindre en sept nuances différentes les cheveux, les sourcils, favoris et moustaches, inaltérables par la transpiration, ne tachant ni le linge ni la peau, et durant trois mois sans avoir besoin d'être renouvelée.

Parfum exquis du Bouquet de famille et autres extraits d'odeur.

Poudre pour roser les ongles, justement estimée des fashionables.

Huile détersive pour faire briller les cheveux, *eau athénienne* pour les dégraisser, et *pommade créphocome* pour les régénérer.

Crème divine. — *Almirzanach*, ou crème rosée ; *rosée du printemps* et *lait rosé* de la belle Gabrielle pour blanchir et adoucir la peau.

Poudre de guimauve à l'amédine pour le bain.

Crème de Tayko et *savon végétal* pour la barbe.

Poudre épilatoire pour faire tomber les poils sans altérer la peau.

Eau Briard aîné ou *alakshir; poudre Briard aîné* ou *osimel curatif*, et *odontophile* pour nettoyer et blanchir les dents.

Blanc et *rouge d'Italie* inaltérables à la transpiration.

Pâte en poudre dite *l'Amie*, et *pâte liquide* dite *Amédine* pour blanchir et adoucir les mains et la peau.

34.— J. PIAT, mécanicien, fabricant d'engrenages, à Paris, quai Pelletier, n. 22.

Sa fabrique est rue Saint-Maur-Ménilmontant, 38 *ter.* Son magasin est un de ceux dans lesquels on trouve les collections les mieux assorties d'outils d'amateurs dans ce qu'il y a de plus fin, comme tours en fonte, meules montées tout en fonte, petites machines à percer, établis d'ajusteurs, villebrequins à engrenage, etc., etc.

Sa fabrique se livre tout particulièrement à la confection d'engrenages en tous genres, pour moulins et usines de toute espèce. Aussi trouve-t-on toujours chez lui un assortiment complet de roues d'angle, droites, crémaillères, rochets, roues pour chaînes de Galles, Vaucanson, etc.; manivelles, poulies, galets en fonte, etc., etc.

Il fait également la construction d'axes et de toutes machines sur demandes ou plans présentés.

35.— LEBRUN, relieur, à Paris, rue de Grenelle-Saint-Germain, n. 126.

Si nos contemporains, M. Simier père, ce relieur si justement célèbre par la solidité et le bon goût de ses produits, et Thouvenin, cet autre relieur que l'amour de l'art a entraîné dans le malheur et au tombeau, ont laissé des preuves de leur habileté, plus d'un relieur encore cherche à marcher sur leurs traces, quelquefois même avec bonheur, et dans ce nombre il faut ranger M. Lebrun, dont les efforts tendent aussi à réunir le bon goût à la solidité, comme on peut s'en assurer en examinant avec soin les échantillons qu'il vient d'exposer.

36. — LEMONNIER, artiste DESSINATEUR EN CHEVEUX, fournisseur breveté de S. M. la reine des Français, rue du Coq-Saint-Honoré, n. 13, à Paris.

Ayant obtenu une médaille de l'Académie de l'industrie en 1836.

Le caractère anglais, par sa nature sombre et réfléchie, porte les habitants de la Grande-Bretagne à posséder et à précieusement conserver devant leurs yeux quelques restes des objets qui méritent leurs regrets; l'on peut dire que leur religion pour l'amitié se prolonge jusqu'au delà du tombeau : aussi tous s'empressent-ils de faire établir des tresses, des bagues, des tableaux, avec les cheveux des personnes auxquelles ils étaient vivement attachés. Ils ont même fait prendre en France la mode de cette habitude, et M. Lemonnier est un des artistes qui se soumet avec le plus d'habileté aux exigences de la douleur.

Cet artiste fabrique tout spécialement avec les cheveux divers objets, et occupe journellement plus de vingt ouvrières; il forme avec les cheveux, au moyen de mécaniques particulières, des tresses de toutes les formes et de toutes les longueurs, ou les dispose sous verre de manière à représenter des boucles, des bouquets et de véritables tableaux.

Pour modèles de ses produits, il expose plusieurs cadres représentant divers sujets et des échantillons de tresses et d'objets de fantaisie.

37. — JOURDAIN, tapissier, fabricant breveté des SOMMIERS JOURDAIN, construits tout en fer, à Paris, boulevard Saint-Denis, cité d'Orléans, n. 5.

Ces sommiers, infiniment supérieurs à tout ce qui s'est fait jusqu'à ce jour, peuvent facilement se transporter d'un lit sur l'autre, et se retourner sens dessus dessous et de la tête au pied comme les matelas en laine, auxquels ils ressemblent; mais ils ont sur ces derniers, entre autres avantages, ceux d'être plus agréables au coucher, de ne pouvoir être attaqués des vers, de n'avoir jamais besoin d'être rebattus, et de conserver toujours la même forme et la même élasticité.

38. — POIRET, fabricant de BIJOUTERIE en or et doublé d'or, rue Michel-le-Comte, n. 31, à Paris.

La fabrication du bijou doublé, peu connue jusqu'à ce

ce jour, offre aux consommateurs de grands avantages par sa solidité et sa durée, la modicité de son prix les mettant à même de pouvoir suivre le caprice de la mode sans être obligés, comme précédemment, de porter du bijou doré, qui est toujours reconnaissable aux yeux des connaisseurs.

M. Poiret, qui a reçu une mention honorable à l'exposition nationale de 1839, pour montrer au public ce qu'il peut faire dans ce genre, expose divers échantillons de *demi-parures*, *bagues*, *épingles*, *chaînes*, *boutons de chemises*, *tours de cols*, et divers objets de fantaisie très variés.

39.— CHALUMEAU, tailleur, breveté pour une MÉCANIQUE A TRACER LES HABITS, à Paris, passage des Panoramas, galerie Montmartre, n. 12.

Les expositions nationales ou annuelles offrent un tableau imposant des résultats du travail, de l'émulation, de l'activité et de la persévérance : aussi est-ce au milieu des musées consacrés aux arts utiles que les habitants de Paris ou les voyageurs viennent chercher les sommités industrielles.

Cependant il existe des inventions qui, reposant sur des secrets importants, ne permettent pas, sans risquer de nuire à des intérêts particuliers, de laisser voir ou connaître les mécanismes ou les détails des procédés qui font la fortune de leurs inventeurs.

Dans le nombre de ces moyens qui ne peuvent être mis au grand jour, on peut citer la *mécanique à tracer la coupe* des habits inventée par M. Chalumeau ; ce ne sont donc que les résultats obtenus. Ainsi, sur une quantité d'étoffes qui ne produit entre les mains de tous les tailleurs qu'une pièce d'habillement M. Chalumeau en livre deux ; il y a donc économie réelle.

On trouve chez lui un grand assortiment de draps et d'étoffes nouvelles vendus au dessous du cours et exposés avec les prix fixes indiqués au regard du public ; tout est donc au profit du consommateur dans cet établissement.

L'esquisse des habillements s'opère à la *mécanique*, en moins de trois minutes.

Les prix des confections sont les mêmes que partout ailleurs.

On remarquera que dans la coupe d'un habit et d'un pantalon dont le drap coûterait 30 francs, le consommateur trouve 15 fr. d'économie.

Les personnes qui ne voudraient seulement que faire couper leurs habillements chez M. Chalumeau le pourront en payant le prix indiqué au tarif ci-contre, de manière que celles qui savent coudre pourront les emporter et les confectionner ou faire confectionner hors de l'établissement, vu que les pièces sont coupées de manière qu'il est impossible de se tromper.

PRIX POUR LA COUPE DE CHAQUE ARTICLE :

Caleçon	» fr. 50 c.
Gilet de flanelle	» 50
Guêtres	» 50
Gilet	1 »
Pantalon.	1 »
Veste	3 »
Redingote	3 »
Habit ou redingote de livrée.	3 »
Polonaise chamarrée. . . . . de 10 à 15	»
Habit d'uniforme avec ornement sur drap	3 »
Manteau d'homme ou de femme . . .	4 »
Capote de toute façon	3 »

Habit de cour ou d'officier supérieur, avec dessins pour broderies, de. . . 15 à 50 »

M. Chalumeau offre à MM. les tailleurs de Paris et des départements la faculté de souscrire par année pour 12 modèles d'habillements, dont chacun, de grandeur naturelle, taillé sur papier sans fin (papier admis à l'exposition), paraîtra le 1er de chaque mois.

Ces modèles, pour civil, seront dessinés et coupés suivant le goût du jour ; pour le militaire, dessinés et coupés pour toute arme d'après les modèles adoptés par le ministre de la guerre.

M. Chalumeau observe à MM. les souscripteurs que ces modèles pourraient être coupés à la volonté, en envoyant dans une lettre leur mesure par centimètres, pour tel genre ou telle conformité d'homme que ce soit.

La souscription serait de 36 fr. par an, ou 20 fr. pour six mois.

On pourrait ne payer que trois mois d'avance, en adressant franco à M. Chalumeau une demande, et en y ajoutant un bon sur la poste ou sur une maison de commerce à Paris. Les lettres doivent être affranchies.

40.— GRENIER, tôlier-mécanicien, breveté pour FOURNEAUX DE FERS A REPASSER, à Paris, rue Saint-Germain-l'Auxerrois, n. 43, près la place du Châtelet.

Il se livre tout particulièrement à la fabrication de fourneaux propres à supporter et chauffer les fers à repasser. L'usage de ces fourneaux, construits d'après ses derniers perfectionnements, a été généralement reconnu comme étant fort économique, et ils sont adoptés maintenant par un grand nombre de tailleurs, de blanchisseuses, de chapeliers et de teinturiers.

Il expose plusieurs échantillons de ces fourneaux, et il en tient toujours un grand assortiment à la disposition du public.

41.— LAMY, ferblantier, fabricant de ZINC, à Paris, boulevard Beaumarchais, n. 63.

Se livre particulièrement à la fabrication des baignoires et autres objets en zinc poli pouvant toujours être maintenus propres, et réunissant la solidité à l'élégance des formes.

Il expose une baignoire en zinc poli possédant un faux fond mobile qui se soulève jusqu'au niveau de ses bords et permet de mettre facilement un malade au bain.

42.— BÉZANGER, fabricant D'ENCRE INEFFAÇABLE pour le trait du lavis et de PAPIER TRANSPARENT, à Paris, rue Saint-Jacques, n. 22.

Expose des échantillons d'un papier transparent, appelé *dioptique*, ayant cela de particulier qu'il reçoit parfaitement le lavis, ce qui le rend propre surtout aux travaux des architectes et de MM. les ingénieurs.

Il expose en outre des flacons d'encres ineffaçables noires et rouges propres à dessiner les plans de manière à former des traits que le pinceau ensuite ne peut plus étendre, de sorte qu'elles ne permettent plus à ces traits, après avoir été lavés, de laisser voir des bavures.

Il expose de plus un vernis liquide pour graveur pouvant être étendu au pinceau.

43.— DURAND fils aîné, fabricant de POMPES, à Paris, rue Saint-Nicolas-d'Antin, n. 29, près la rue du Mont-Blanc.

Il se livre à la fabrication de pompes en fonte d'un nouveau genre, solides et élégantes, rétablit les puits gâtés, et construit des garde-robes nouvelles inodores avec ou sans réservoir, à des prix très modérés.

Il fabrique surtout :

Une *pompe en fonte* perfectionnée aspirante pouvant aller chercher l'eau d'un puits de 70 pieds de profondeur ;

Une *pompe aspirante* et foulante ;

Une *garde-robe hydraulique* nouveau modèle ;

Une *garde-robe hydraulique* tournant des deux côtés ;

Un *siége inodore* pour lieux banaux se refermant seul ;

Une *cuvette à bascule* inodore petit modèle ;

Une *cuvette* en zinc à bascule inodore pour recevoir les

eaux ménagères, et se plaçant dans l'épaisseur du mur ou pan de bois ; on peut lui donner toutes espèces de formes ;

Nouveau *modèle de couvertures* à grandes ardoises en zinc estampé.

44.— LEPERDRIEL, pharmacien breveté, à Paris, rue du Faubourg-Montmartre, n. 78.

Eclairé par les conseils des médecins et par les observations des malades, **M.** Leperdriel s'est appliqué à continuellement perfectionner les divers produits qui forment sa spécialité et dont il expose plusieurs échantillons, savoir :

Toile vésicante adhérente, très commode pour établir en 6 ou 8 heures des vésicatoires volants ;

Taffetas épispatique, plus ou moins actif à volonté, pour entretenir les vésicatoires sans avoir besoin de pommade ;

Taffetas rafraîchissant et *pois élastiques à la guimauve* pour panser les cautères ;

Compresses en papier pour remplacer celles en linge dans le pansement de tous les exutoires ;

Serre-bras, serre-cuisses et *serre-cols*, pour maintenir en place les pansements des exutoires ;

Linge carboné désinfectant et *charpie désinfectante* pour neutraliser et faire disparaître l'odeur que souvent les exutoires laissent échapper ;

Enfin *sparadrap agglutinatif.*

45.— FLAMET jeune, fabricant breveté de BRETELLES, fournisseur du roi, rue des Arcis, n. 25, à Paris.

Ayant obtenu une médaille à l'exposition nationale de 1834, et à celles de l'Académie de l'industrie en 1836 et en 1837, pour les bretelles et jarretières élastiques sans coutures, et pour les boutonnières métalliques dont il est l'inventeur, et qui lui ont mérité une médaille à l'exposition nationale de 1839.

Il réclame l'attention du public pour ses boutonnières métalliques, ne pouvant ni se découdre, ni s'user, ni couper le fil qui tient les boutons.

Il expose pour la première fois des *bretelles élastiques* avec pattes et boutonnières sans coutures faites en même temps que le corps de la bretelle, boutonnières qui ne peuvent se découdre, et offrent, avec le moelleux, une bien plus grande solidité que les boutonnières faites dans des pattes rapportées aux extrémités des bretelles ordinaires. Il fabrique également les bas élastiques pour varices, et les ceintures élastiques.

**46.— BRUYER, fabricant de PAPIER , à Paris,
rue Saint-Martin , n. 259.**

Expose les objets qui suivent :
1° Des *registres alphabétiques* ou répertoires fort commodes pour le commerce ou pour recueillir et mettre en
ordre toute espèce de notes ;
2° Des *papiers à vers à soie* pour tenir lieu des filets,
toujours très coûteux, et apportant ainsi une véritable é-
conomie dans l'art d'élever les vers à soie.

**47.— LARMOYER, fabricant de couleurs et de
CIRAGE, à Paris, rue des Vieux-Augustins, n. 57.**

Se livre non seulement à la vente de toutes les espèces
de couleurs, mais en outre à la fabrication d'un cirage à
la brosse, pour chaussures, qui a l'avantage positif de ne pas
avoir d'acide sulfurique dans la composition, et par conséquent de ne pas brûler les souliers ni les bottes ; il tient
aussi un vernis, également pour chaussures, applicable au
pinceau, et d'un brillant très fin et très beau.

**48.— ROZÉ , HORLOGER-MÉCANICIEN , à Paris,
quai des Ormes, n. 2.**

Expose un *levier chronométrique* perfectionné ; un *géocy-
clique*, et une *pendule planétaire* d'une nouvelle invention
et d'une extrême simplicité, depuis 50 fr. et au dessus,
propre à la démonstration des effets astronomique, et à l'indication des heures et saisons de tous les pays du globe.

**49.— SCHINDLER, tailleur dégraisseur, à
Paris, rue de Valois-Batave, n. 6, quartier des
Tuileries.**

Remet à neuf toute espèce d'habillement par des procédés de teintures et apprêts indestructibles, ce qui permet ,
pour le tiers du revient d'un habit neuf, d'en doubler la
durée.
Il tient aussi des ateliers de dépiquage et de dégraissage
à sec de toutes sortes d'étoffes ; enlève la graisse et fait disparaître les piqûres et les taches, de quelque nature qu'elles soient, et toujours à sec et sans laisser d'odeur.
Il expose divers échantillons d'habits remis à neuf et d'é-
toffes de soie dépiquées et dégraissées.

**50.— PRÉVEL, chapelier, à Paris, rue de la
Bourse, n. 7.**

La chapellerie est une des branches les plus importantes

de l'industrie parisienne; jadis Lyon était en possession de ce genre de fabrication, mais aujourd'hui la capitale s'en est complétement emparé, ainsi que de tous les objets de mode, car Paris est toujours le séjour de cette reine du monde fashionable. C'est donc à suivre ses goûts avec le soin le plus religieux que M. Prével met toute son application : aussi sa clientèle lui rend-elle justice, et ses chapeaux amazones sont maintenant en grande faveur.

51.— SAVARY, fabricant de STORES TRANSPARENTS, à Paris, rue du Roule, n. 1.

Il expose des stores transparents peints et imprimés dans ses ateliers, ayant le double avantage de ne pas s'écailler et de pouvoir se nettoyer, ce qui tient à l'apprêt particulier dont il fait usage. Ce genre de meuble étant devenu indispensable pour le confortable de nos habitations pendant la belle saison, il était important de les confectionner avec toute la perfection qu'il a su obtenir.

52.— HUREZ, fabricant de CHEMINÉES, à Paris, rue du Faubourg-Montmartre, n. 42.

L'art du caminologiste fait chaque jour en France d'immenses progrès; la science vient au secours de l'art, et celui-ci marche en conséquence vers le progrès.

Le difficile est de réunir à un bon mode de chauffage l'économie d'achat et de consommation et l'élégance dans les formes des appareils.

M. Hurez s'est donc activement appliqué à résoudre ce problème; aussi les amateurs d'un bon chauffage sont certains de trouver chez lui un grand choix de ce qu'il y a de mieux soit en *cheminées à charbon de terre* de forme anglaise, soit en *cheminées à bois*.

Il confectionne aussi des *cheminées flamandes* ornées avec figures, etc.; des *appareils à double régulateur* pour activer d'abord la combustion sans fumée, et en recueillir ensuite tout le calorique par l'application des principes absorbants et réfléchissants des métaux.

Il a imaginé enfin des calorifères remarquables par les résultats immenses qu'ils présentent.

53.— MOUREY, fabricant de BIJOUTERIE, à Paris, rue de l'Homme-Armé, n. 2.

Ce fabricant, honoré d'une médaille à l'exposition nationale de 1839, se livre tout particulièrement à la confection des bijoux dorés, auxquels il vient d'ajouter depuis quelque temps le genre feuillage du vieux style renaissance, avec fleurs en porcelaine émaillées à froid, ayant l'avantage sur celles faites à chaud de pouvoir s'exporter plus facilement sans crainte d'altération, amélioration dont les dames et les commissionnaires apprécieront l'importance, puisque l'on peut, en appliquant ce nouveau procédé, livrer à 25 fr. des bougeoirs de 100 fr., et à 12 ou 15 fr. des vide-poche que l'on vend habituellement 60 et 75 fr.

54.— CABEU, lampiste breveté, à Paris, rue de la Grande-Friperie, n. 21.

Ce fabricant, auquel on a accordé une mention honorable à l'exposition nationale de 1839, a perfectionné un système de lampes de manière à obtenir toute sécurité contre les fuites. Sa lampe brûle à blanc aussi bien que les Carcel, attendu que les dispositions du bec sont établies sur les mêmes bases ; elle donne une lumière pure et vive ; elle convient pour éclairer les cafés, les billards, les magasins de nouveautés, lingeries, soieries, et ne laisse aucune trace de fumée qui puisse nuire au blanc ni aux couleurs tendres. Le service de cette lampe est d'une facilité qui a peu d'exemples, puisqu'au moyen d'un bouchon qui est en dessus de la couronne on peut introduire l'huile, et régler le courant d'air, seule cause du niveau qu'elle conserve. L'action de la fermeture se trouve combinée de manière que, sans qu'il soit besoin d'autres précautions, le niveau se trouve en état de satisfaire sous tous les rapports.

La modération des prix permettra à beaucoup de débitants d'en faire usage pour éclairer leurs boutiques, et tous les soins du sieur Cabeu seront apportés pour exécuter les demandes qui lui seront faites.

55. — HEULTE (Théodore), fabricant de CUIRS ET FEUTRES VERNIS, à Paris, au dépôt, rue Pastourelle, n. 5, et à la Manufacture, barrière des Trois-Couronnes, chemin de ronde, n. 8.

Il se livre à la fabrication des cuirs et feutres vernis, qu'il fabrique avec la plus grande perfection sans employer dans sa composition le moindre atome de gomme copal ou de succin, avantage fort important, puisque nous tirons ces substances des pays étrangers.

Il expose des chapeaux de feutre verni de toutes formes pour marins, cantonniers, facteurs, livrées et cochers ; des toques de chasse de toutes les formes, des schakos en feutre verni pour la petite tenue des troupes à pied et à cheval ; des visières en cuir et feutre vernis, tous modèles pour casquettes et schakos ; des veaux vernis pour chaussures ; des peaux de veaux, moutons et vaches vernis pour la chapellerie, la sellerie et les équipements militaires ; enfin des ardoises en feutre imperméable à l'usage des hangars, appentis et bâtiments légers.

56.— GIBUS, chapelier, breveté pour les CHAPEAUX MÉCANIQUES, à Paris, rue Vivienne, n. 20.

Admis à toutes les expositions, et ayant obtenu des rapports favorables et des médailles d'argent et d'or; inventeur des chapeaux mécaniques pouvant se refermer sur eux-mêmes ou se rouvrir, et se réduisant à quelques lignes d'épaisseur, avantage qui les rend très commodes pour le bal, les spectacles et surtout les voyages.

On lui doit aussi l'invention d'un tissu de lièvre ou de castor pouvant rivaliser victorieusement, pour l'aspect et la solidité, avec les chapeaux feutre, et offrant une économie de 50 pour cent.

Il expose pour la première fois des *chapeaux mécaniques à cornes* pour civil et militaire, propres à remplacer le claque, sur lequel ils ont la grande supériorité de pouvoir être portés comme un chapeau à cornes ordinaire, et sans laisser voir aucun pli.

Il expose également des schakos militaires et des chapeaux ronds et amazones pour hommes et pour dames, en pluche, cachemire, et autres étoffes de diverses espèces.

On trouve ces divers produits, pour le détail, rue Vivienne, n° 20, où M. Gibus continue à confectionner et vendre toute espèce de chapeaux ordinaires en castor et en soie du premier choix.

Pour la vente en gros de tous ces objets, l'on doit s'adresser à sa fabrique, rue Beaubourg, n° 50.

57. — BRIDARD, cordonnier bottier, fabricant breveté de CHAUSSURES IMPERMÉABLES, à Paris, rue Neuve-Saint-Marc, n. 7.

En faisant pénétrer depuis la chair jusqu'à la fleur du cuir un composé de son invention, M. Bridard rend toutes les parties des chaussures imperméables. Leur empeigne et leurs semelles qui ont reçu sa préparation ne peuvent véritablement plus s'imbiber de l'eau des rues ni transmettre la moindre humidité aux pieds. Cette préparation, qu'il peut appliquer sur les anciennes comme sur les nouvelles chaussures, possède la qualité de ne pas s'écailler, et de maintenir des années entières les chaussures dans le même état d'imperméabilité, sans avoir besoin d'être renouvelée.

58.— MONTIGNAC, fabricant d'INSTRUMENTS DE PÊCHE, à Paris, rue Saint-Honoré, n. 414.

Expose des *lignes, façon anglaise*, du plus beau fini, des *cannes* et *piquets mécaniques* pour la pêche à la ligne, et divers filets rendus imperméables et très solides, en même temps que plus légers, au moyen de l'application d'une composition particulière.

Ces instruments se recommandent d'eux-mêmes aux nombreux amateurs de la pêche, qui ne peuvent mieux prendre une idée des améliorations de leur degré de perfection qu'en lisant l'extrait suivant du rapport du jury central de l'exposition des produits de l'industrie nationale de 1839 :

« Depuis l'exposition de 1834, les produits de M. Montignac ont été perfectionnés, et tous ceux qui en font usage se plaisent à leur rendre justice pour leur bonne confection dans toutes leurs parties, et pour leur solidité à toute épreuve. Aussi le jury accorde une mention honorable des produits de M. Montignac. »

59.— CHAPÉE, émailleur, fournisseur des musées royaux, à Paris, rue Saint-André-des-Arts, n. 14.

Expose des yeux en émail de toute espèce pour l'histoire naturelle, fabriqués par des procédés qui les établissent à un prix bien moins élevé que par le passé. Les améliorations apportées dans ce genre de fabrication ont valu à leur auteur une mention honorable à l'exposition nationale de 1839.

60.— GRAFFARD, fabricant de BOUTONS, à Paris, rue Neuve-Saint-Laurent, n. 29.

Les *boutons en corne* exposés par M. Graffard, et qu'il fabrique depuis dix ans, ont été successivement perfectionnés au point qu'il rivalisent avec les boutons de soie les plus parfaits. Autrefois cette sorte de boutons était l'objet d'une importation assez grande, et nous étions à cet égard tributaires de l'étranger, qui nous les faisait payer fort cher. Mais aujourd'hui M. Graffard fournit au commerce ses boutons et plus beaux et à meilleur marché, et même il livre à l'étranger, tel qu'à la Suisse et à l'Allemagne, qui les tiraient autrefois des fabriques anglaises. Cette industrie, qui avait pris naissance d'abord en France, avait été portée et perfectionnée en Angleterre, grâce aux efforts de M. Graffard. Mais il a ressaisi cette industrie, qui désormais nous est assurée : car c'est M. Graffard lui-même qui prépare ses instruments pour la confection des boutons, et se trouve ainsi en état de pouvoir satisfaire à toutes les fantaisies de la mode.

Il tient aussi des ateliers de guillochage pour les montres et autres objets.

61.— GATEAU et DÉON, inventeurs brevetés de CONQUES ACOUSTIQUES, rue de Grenelle-Saint-Germain, n. 58, à Paris.

Il expose aujourd'hui des *conques acoustiques* dont la supériorité sur tous les instruments de ce genre lui a fait accorder une mention honorable à l'exposition de 1839, et le 19 novembre de la même année l'Académie royale de médecine a adopté les conclusions d'un rapport approuvant l'usage de ces instruments. L'Athénée des arts, à la suite de diverses expériences faites sur différentes personnes, et notamment à la Salpêtrière, où ces appareils ont produit un excellent effet sur des femmes âgées et sourdes depuis long-temps, a décerné une médaille d'argent, dans sa séance publique du 17 mai 1840, à M. Gateau, leur inventeur.

Ces appareils sont loin d'être aussi volumineux que les cornets acoustiques, toujours très embarrassants pour les personnes qui en font usage, par suite de leur grandeur démesurée. Ces petits instruments tiennent seuls, sans mécanisme aucun, et, sous un petit volume, augmentent considérablement l'audition. Leur forme, qui est exactement celle de la conque de l'oreille, rend leur application aussi facile que celle des lunettes ; en un mot la découverte des conques acoustiques est un grand service rendu à l'humanité, et qui est justement apprécié par toutes les personnes sourdes qui en font usage. Aussi un grand nombre de médecins célèbres en conseillent-ils l'emploi à leurs clients, qui n'ont qu'à se louer du bien qu'ils en éprouvent. Du reste, les rapports de l'Académie royale de médecine, du jury central de l'exposition et de l'Athénée des arts, présentent des garanties suffisantes sur leur utilité réelle et leur supériorité.

62.— CHOMEAU, fabricant de CHOCOLAT, à Paris, rue Quincampoix, n. 63, passage Beaufort, en face de celui de Molière.

Ce fabricant, auquel on a décerné une médaille à l'exposition nationale de 1839, est l'inventeur d'une nouvelle machine propre à broyer le chocolat, machine qui fonctionne chaque jour dans ses ateliers avec une précision et un perfectionnement qui lui permettent de toujours donner à ses variétés de produits les qualités qu'ils doivent avoir.

Les prix de ses chocolats fins varient depuis le n. 1, ou le plus commun, jusqu'au n. 9, ou le supérieur, de 1 à 2, 3, 4, et jusqu'à 5 fr. le demi-kilogramme.

Il fabrique également des chocolats au salep, au tapioka, au lichen, ainsi qu'au lait d'amande pralinée, et il ne surcharge ses prix que de 50 c. pour les chocolats demi-vanille, et de 1 fr. pour ceux à une vanille entière.

63. — GARDISSARD, fabricant de POMPES et de GARDEROBES, à Paris, rue Caumartin, n. 33.

Les appareils que nous désirons les plus commodes sont assurément les pompes, car, dans les villes surtout, on en éprouve sans cesse l'important besoin. Cependant, il faut le dire avec vérité, l'on en trouve bien peu qui puissent remplir les conditions que l'on est en droit de leur demander : l'une est trop dure à faire mouvoir, l'autre fait un bruit insupportable ; celle-ci ne donne pas toute l'eau qu'elle devait rendre, et celle-là pour aspirer l'eau a besoin d'être amorcée.

Les garderobes, ou siéges secrets, présentent tous aussi des inconvénients non moins graves : car l'odeur s'échappe de la plupart d'une manière repoussante, les autres ont un mécanisme tellement compliqué, que le jeu de sa soupape est trop souvent dérangé.

C'est donc pour remédier à ces divers inconvénients des deux meubles de nos habitations les plus utiles, et généralement les moins soignés, que M. Gardissard a imaginé ses garderobes, appareils qu'il ose dire des mieux perfectionnés, et qu'il croit dignes de mériter la confiance du public.

64. — LELONG, bijoutier en doré, à Paris, rue du Temple, n. 49.

Expose des chaînes et des bracelets en cuivre doré, depuis les prix les plus bas jusqu'aux prix les plus élevés. Il se livre tout spécialement à la seule fabrication des chaînes et bracelets.

Cette fabrication prend une telle extension, que les pays étrangers deviennent tributaires de la France pour ce genre de bijouterie, et le Mexique surtout est obligé de s'adresser à nos fabricants de chaînes de Paris, dont un des meilleurs est sans contredit M. Lelong. Aussi depuis quelque temps la bijouterie en faux, et même en or fin, lui fait fabriquer directement cet article, auquel il vient de joindre la fabrication d'objets divers de bijouterie dorés sans mercure.

65. — DORÉ, SERRURIER MÉCANICIEN, à Paris, rue Pierre-Lescot, n. 25, près la place du Palais-Royal.

Ce serrurier, mentionné honorablement à l'exposition de 1839, a imaginé un genre de fabrication qui met ses *coffres-forts* à l'abri de tel taillant ou forét que ce soit. Ils offrent l'avantage, pour s'en servir, d'avoir une serrure indépendante à volonté, qui peut se fermer avec ou sans la combinaison, quand on veut quitter son cabinet ou sa caisse, sans sortir de la maison. En outre, ses serrures sont fermées pas des caches-entrées qui ne cèdent que lorsque la combinaison est soumise par la violence. L'ornement lui-même, détruit, laisserait voir alors une plaque d'acier trempé de 4 millimètres d'épaisseur, corroyé avec du fer, qui vient encore barrer l'entrée de la serrure.

Il fabrique généralement tout ce qui concerne l'élite de la serrurerie.

N. B. Ne pas confondre avec le serrurier du n° 27.

66. — VIOLARD, fabricant de DENTELLES, breveté pour l'importation en France de la fabrication des applications de Bruxelles, à Paris, rue de Choiseul, n. 2 bis.

Ce fabricant s'applique tout spécialement à suivre le goût et les fantaisies de la mode avec le plus louable succès. Aussi, pour lui prouver combien elle portait d'intérêt à cette marche progressive, l'Académie de l'industrie lui at-elle décerné en 1838 une médaille d'or.

« Dans les dentelles fabriquées par M. Violard, dit le rapport de cette Société, l'on voit des mailles uniformes, des fleurs riches et si bien variées, que le même dessin ne se retrouve jamais dans la même pièce ; pourtant toutes ces fleurs sont composées de manière à pouvoir toujours s'harmoniser avec l'effet qu'elles doivent produire, et toutes elles ont une légèreté spéciale qui laisse dans le dessin des repos dont l'œil est satisfait. »

Aussi M. Violard s'est adonné à la fabrication des dentelles en fil d'un genre tout spécial, et on lui doit de faire travailler dans ses ateliers, avec le plus grand succès, à la fabrication des dentelles en fil genre de Bruxelles. Ces applications indigènes de la fabrique de M. Violard se distinguent par une harmonie de dessin dont le goût et la richesse ne peuvent se retrouver dans les Bruxelles véritables.

Ainsi il peut offrir un assortiment des plus complétement parfaits, et aux prix les plus modérés qu'il est possible d'obtenir, de voiles, écharpes, volants, robes, fichus et mantilles en toute espèce de dentelles.

Ce fabricant expose des *dentelles en fil* de son invention ;

Des *dentelles noires ;*

Des *dentelles en fil d'or et d'argent ;*

Des *applications de Bruxelles* fabriquées en France, et pour lesquelles il a obtenu un brevet.

67. — CERBELAUD, FUMISTE-CAMINOLOGISTE, à Paris, rue Saint-Lazare, n. 98, à côté des bains de Tivoli.

Ce fabricant d'appareils calorifères et de poêles de tout genre, qui a obtenu de l'Académie de l'industrie la médaille d'or et deux médailles d'argent,

Expose un calorifère n. 5 à cloche et grille à air chaud, à circulation d'air, avec trois coffres en fer battu, pouvant chauffer un hôtel de deux étages.

Il expose aussi un calorifère n. 4, d'après le même système, pour le chauffage des maisons particulières ; un autre n. 3, et au besoin portatif, et deux *poéles calorifères* à corniche découpée et à corniche simple.

Il expose en outre des brosses ramoneuses destinées à ramoner les tuyaux et conduits des machines à vapeur et les poches des calorifères.

Les avantages que présentent les calorifères de M. Cerbelaud tant pour l'intensité de la chaleur qu'ils répandent dans les appartements que pour la facilité avec laquelle on peut toujours nettoyer leurs canaux ou tuyaux de conduite sont chaque jour tellement appréciés, que leur succès va toujours croissant, et que depuis deux ans il a été forcé d'agrandir deux fois ses ateliers par suite des nombreuses commandes qu'il a reçues de France et de l'étranger.

68. — BÉRINGER, ARMURIER-ARQUEBUSIER, breveté pour les armes à culasse tournante, à Paris, rue du Coq-Saint-Honoré, n. 6.

Expose des fusils et des pistolets à culasse tournante, ce qui permet de charger avec rapidité les armes de chasse. Il les construit de manière qu'il n'y a pas de crachement à craindre, et il fabrique des cartouches spéciales qui rendent ce genre d'armes aussi justes que commodes, en leur donnant même une plus longue portée.

69. — ARMAND CLERC, mécanicien, fabricant d'instruments divers, à Paris, rue du Buisson-Saint-Louis, n. 16, faubourg du Temple.

Ayant reçu des citation, mention et médaille en 1827, 1834 et 1839. Il s'occupe de la fondation d'une école d'arts pour les orphelins, afin de fixer en France la fabrication en grand de tous les outils et machines nécessaires à l'horlogerie, et pour aider cette fondation, il fait un appel aux sentiments généreux : aussi une souscription est-elle ouverte chez Me Louvancour, notaire, boulevard Saint-Martin, n° 59, chez qui les sommes touchées à domicile, au gré des bienfaiteurs, sont également versées.

Ce projet, qui a déjà reçu les encouragements de plusieurs savants et professeurs distingués qui ont souscrit en sa faveur, comprend les sujets présentés par les fondateurs et souscripteurs qui veulent bien remplir pour leurs pupilles les conditions indiquées dans la brochure contenant le projet, et qui se trouve à l'établissement et à l'exposition.

Il expose divers échantillons des objets qu'il continue à confectionner tout spécialement : telles sont les barattes rotatives perfectionnées, râpes à sucre, presse-purée, coupe-légumes, affiloirs à cylindres et à chevalet, planches à nettoyer les couteaux, hache-paille perfectionné, charrues pour les jardins, et autres petits instruments aratoires.

Il se livre aussi, sur la commande, à la fabrication des tours à guillocher, et de tous les instruments de précision propres à l'horlogerie.

70. — KLEIN, ébéniste, breveté d'invention pour ses lits a rallonges, à Paris, rue du Faubourg-Saint-Antoine, n. 110, et rue Traversière-Saint-Antoine, n. 70.

Cet ébéniste, auquel l'invention des lits à rallonges a valu une médaille d'argent, a rendu un service important aux marchands de meubles et aux acheteurs, car les bois de lit de son invention possèdent l'immense avantage de pouvoir à volonté se diminuer ou s'allonger en raison de l'emplacement qu'on leur destine, et cela au moyen d'un mécanisme simple qui n'augmente pas sensiblement le prix de ces couchettes et permet pourtant de leur donner les formes exigées par la mode et le goût du jour. C'est donc une économie véritable de posséder de pareils bois de lit.

71. — CLACHET, lampiste, breveté, fournisseur de l'administration générale des postes, à Paris, rue Dauphine, n. 12, au premier.

Ce fabricant, dont les produits figuraient à l'exposition nationale de 1839, vient d'être breveté pour la lampe à *spirale*. Cette lampe, dont le service est très simple et très facile, a l'avantage de n'être sujette à aucun dégorgement comme le sont toutes les lampes faites jusqu'à ce jour. Elle est à niveau constant ; elle n'a ni bouchon *rodé*, ni bouteille qu'on soit obligé de renverser. Ce dernier avantage la rend très précieuse, surtout lorsque ce système s'applique à de grandes lampes à plusieurs becs, dans lesquelles le renversement de la bouteille ne peut se faire sans difficulté et sans perte d'huile ; la lampe à *spirale* se ferme avec un simple bouchon à vis. Les prix en sont très modérés.

Le même fabricant est l'inventeur d'un nouveau système de becs pouvant s'adapter à tous les genres de lampes ; ces nouveaux becs ont surtout le grand avantage d'éclairer comme les lampes Carcel, en laissant 6 lignes de mèche blanche, ne charbonnant jamais, avantage d'autant plus remarquable qu'il présente une grande économie en raison de l'intensité supérieure de la lumière qu'il fournit. M. Clachet est aussi arrivé à pouvoir fabriquer des lampes de travail et d'escalier d'un très bas prix, donnant la lumière de quatre chandelles, et brûlant à blanc, tout en ne consommant que trois gros d'huile par heure. M. Clachet fabrique de plus toutes sortes de réflecteurs en plaqué et en fer-blanc, au moyen d'un nouveau procédé dont il est également l'inventeur. Enfin il confectionne tout ce qui concerne son état, et particulièrement des lampes pareilles à celles qu'il a exposées, depuis le prix le plus modique jusqu'au plus élevé. On peut voir fonctionner les lampes de M. Clachet tous les soirs, au Palais-Royal, café de la Rotonde, et deux de ses réflecteurs éclairent le cadran de l'hôtel des postes et de la chambre des pairs.

On trouve également chez lui des lampes de billards d'une nouvelle invention, pouvant servir à triple usage, et d'un prix très modique ; il fabrique aussi les lampes façon Carcel perfectionnées.

Il fabrique plusieurs genres d'appareils économiques à l'esprit de vin.

72. — DIDIER, médecin DENTISTE, breveté du roi, à Paris, place du Palais-Royal, n. 225.

Il expose un tableau renfermant des dentiers complets

et des pièces partielles faites avec de nouvelles dents perfectionnées par ce dentiste, ainsi que plusieurs modèles
d'un nouveau porte-empreinte, inventions précieuses pour
rendre l'application des pièces artificielles non douloureu-
se, et surtout pour faciliter la mastication des substances
alimentaires. Ce tableau renferme en outre des dents minérales moulées sur les dents naturelles, et montées sans le
secours des cuvettes, de manière à pouvoir, sans les ôter
de la bouche, les conserver dans un grand état de propreté,
ainsi que des pièces à cuvettes mobiles pouvant, par le
moyen d'un ressort, s'ouvrir et se fermer à volonté. Ces
différentes inventions et perfectionnements ont valu à M.
Didier, de la part du gouvernement et de la Société de
l'Académie de l'industrie, de flatteuses récompenses.

73. — BALAN, GAINIER, à Paris, rue Mauconseil, n. 25.

Il expose divers articles de gaînerie que l'on ne fait véritablement très bien qu'à Paris : tels sont ces écrins qui
doivent recevoir les parures les plus brillantes, ces portefeuilles, ces fourreaux de sabres et d'épées, ces gaînes de
couteaux, ces écritoires, ces étuis pour flacons, et une foule d'objets du même genre, et couverts soit de maroquin,
soit de peau de chagrin ou de chien de mer.

74. — LESGUILLER, fabricant de BISCUITS, à Paris, rue Mauconseil, n. 1.

Ancien ouvrier de Reims, M. Lesguiller quitta cette ville
il y a trois ou quatre ans, et vint à Paris dans l'intention
d'y importer la véritable fabrication de ces biscuits dont
Reims avait le monopole et dont elle était aussi orgueil-
leuse que de son pain d'épice, de son vin de Champagne,
et du sacre de nos rois. D'abord il eut de la peine à vaincre
le préjugé; cependant, à force de soins, il parvint à non
seulement bien imiter, mais à si bien perfectionner ses
biscuits, que M. Lesguiller voit souvent actuellement donner la préférence à ceux de sa maison. Ainsi, non seulement il en vend pour la table du roi, mais il est le fournisseur en titre de Sa Majesté la reine d'Angleterre. Son
succès maintenant est donc complet.

75. — SOUCHAY, fabricant de la BOUGIE CIRO-GÈNE, à Paris, rue Neuve-Vivienne, n. 45, où est son dépôt.

Ayant obtenu une médaille d'honneur de l'Académie de
l'industrie.

Expose divers échantillons de cette bougie, dont la fabrication a été considérablement perfectionnée par M. Souchay.

Cette bougie (a dit le rapporteur chargé de faire connaître à cette Société le résultat des expériences faites par la commission qui a examiné ces produits) présente, si on la compare à la bougie du Mans du même prix, une intensité de lumière beaucoup plus vive ; elle est beaucoup plus blanche, et surtout elle brûle nettement sans couler, ne tache pas les meubles et les vêtements sur lesquels elle peut tomber, et réunit ainsi toutes les qualités qu'on recherche dans ce genre de produits.

76. — HAMELAERTS, fabricant de PARAPLUIES, de *baleines* et de *cannes*, à Paris, rue Saint-Sauveur, n. 24.

Expose des *parapluies à coulant* et *bascule agrafante* et qui peuvent s'ouvrir ou se fermer à volonté au moyen d'un nouveau mécanisme pour lequel il s'est fait breveter. Il se livre surtout à la fabrication des parapluies et ombrelles perfectionnés d'après son système ; néanmoins il tient toujours des parapluies montés d'après l'ancienne méthode et il fait fabriquer une grande quantité de parapluies à bas prix, quoique parfaitement bien confectionnés, et destinés principalement pour l'exportation.

77. — PONCET, serrurier-mécanicien, fabricant de LITS EN FER, à Belleville, rue de Paris.

Se livre depuis quelque temps à la fabrication des lits en fer. Il a monté ses ateliers de manière à pouvoir les établir à un très bas prix tout en leur donnant une très grande solidité. C'est pour en fournir la preuve au public qu'il expose ici quelques échantillons de ses produits.

78. — WILTZ, tailleur, inventeur breveté de CISEAUX, et professeur de coupe, à Paris, rue Notre-Dame-des-Victoires, n. 16.

M. Wiltz ayant, comme tous ses confrères, reconnu combien étaient incommodes et défectueux les ciseaux ordinaires, a inventé et fait construire des *ciseaux* dont la forme permet de couper à plat sans continuer à tenir la main suspendue ; il les considère comme les plus avantageux de tous ceux qui existent, et en conséquence il les recommande à ses confrères. Il est aussi l'auteur d'un *polymètre* ou instrument qui pourra devenir utile à toutes les personnes qui ont besoin de prendre beaucoup de mesures

79. — HOEFER, ÉBÉNISTE, breveté de **M.** le duc Alexandre de Wurtemberg, à Paris, rue Saint-Antoine, impasse Guéméné, n. 8.

L'art de fabriquer les meubles se tient toujours en France dans les premiers rangs des branches industrielles que les étrangers ne peuvent nous ravir, et il en sera de même tant que nos ébénistes se laisseront diriger par ce goût et par cette élégance de formes et d'ornements qui finissent toujours par commander à la mode de tous les temps et de tous les pays. Voyez plutôt faiblir la vente quand le mauvais goût domine ; l'ébénisterie a plus d'une fois eu occasion d'en éprouver la malheureuse vérité : aussi, dès que le bon goût reprend le dessus, nos marchands de meubles en suivent l'impulsion, et l'on peut dire que M. Hoefer est un de ceux qui se soumettent le plus aux exigences du bon goût en cherchant à y joindre le confortable et un prix raisonnable : aussi a-t-il obtenu une *médaille* à l'exposition nationale de 1839. Du reste, il laisse encore cette année le public juge de cette assertion, car il expose des meubles de tous genres, parmi lesquels on remarque :

Un *grand bureau* d'une beauté magnifique et de plus curieux à voir ;

Un *meuble* servant de commode, de secrétaire et de toilette ;

Une corbeille pouvant servir à plusieurs fins, et divers autres articles.

80. — BOURG, fabricant breveté de garde-robes, à Paris, rue Beaumarchais, n. 19.

Expose un modèle de siége à l'abri de toute espèce d'odeur et occupant un très petit emplacement, puisqu'il peut être presque toujours rendu absolument invisible. Son mécanisme est simple et permet d'entretenir avec facilité sa cuvette dans un état constant de propreté, car le jeu de ce mécanisme force deux soupapes à marcher successivement et à continuellement fermer bien hermétiquement le passage à toute émanation.

81. — LEROY, fabricant d'ARÉOMÈTRES, à Paris, rue des Fossés-Saint-Germain-l'Auxerrois, n. 29.

Ce fabricant, chez lequel font confectionner les meilleurs opticiens de Paris, se livre particulièrement pour eux et tout spécialement à la fabrication des *aréomètres en métal.* Leur solidité en fait des instruments de la plus importante utilité pour les fabricants de sucre, de sirops ou de produits chimiques, qui peuvent y avoir d'autant plus de confiance que tous sont gradués d'après des étalons en verre préalablement vérifiés et fabriqués par M. Colardeau, auquel le savant M. Gay-Lussac a donné si long-temps ses bons et excellents conseils. Aussi, pour sa propre garantie et celle du public, M. Leroy marque-t-il, depuis quelque temps, tous les instruments qui sortent de ses mains, de son poinçon de maître.

82. — TIRRART, ornemaniste, fabricant de SCULPTURES et ORNEMENTS en *carton-pierre*, successeur de Benoiste, à Paris, rue Basse-du-Rempart, n. 38; rue Neuve-des-Mathurins, n. 17, et passage Sandrié, dans l'impasse, n. 4 bis.

Ce fabricant, auquel on a décerné des médailles aux expositions nationales de 1834 et 1839, confectionne dans son établissement, particulièrement en carton-pierre, ou, sur demande, en plâtre et en pierre, tout ce qui tient à la sculpture et peut servir à orner l'intérieur et l'extérieur des palais, des riches maisons et des habitations les plus modestes. Il expose plusieurs échantillons de ses modèles, tels que *chapiteaux*, *colonnes*, *pilastres*, *modillons*, *consoles*, *cloux*, *moulures*, *frises*, *feuillages*, *arabesques*, *têtes*, *rosaces* et bas-reliefs divers.

83. — BACQUEVILLE, fabricant de CORSETS, à Paris, rue Neuve-des-Petits-Champs, n. 69, et rue de Choiseul, n. 12; dépositaire, à Paris, des corsets sans coutures de M. Werly.

Confectionne des corsets mécaniques, de toilette, sans hanches, sans épaulettes, pour dames enceintes, ainsi que les corsets de voyage avec mécanique et élastiques, sans aucune laçure. Il traite les déviations de la taille, et est l'inventeur du corset audénologique pour la dissolution des glandes dans le sein, et établit aussi des ceintures pour hernie avec pression, pour pessaires et abdominales.

84. — EVANS, naturaliste préparateur d'ANIMAUX EMPAILLÉS, à Paris, rue Jacob, n. 5.

Ce naturaliste monte et compose des groupes d'oiseaux en tous genres. Il démontre l'art d'empailler d'après une méthode sûre et facile.

On trouve dans son cabinet tout ce qui est relatif à cet art.

Madame Evans donne aussi des leçons de taxidermie aux dames.

85.— BALIN, DESVIGNES, VILLETTE et Cie, fabricants brevetés de POMPES FRANÇAISES, à Paris, quai de Valmy, n. 59.

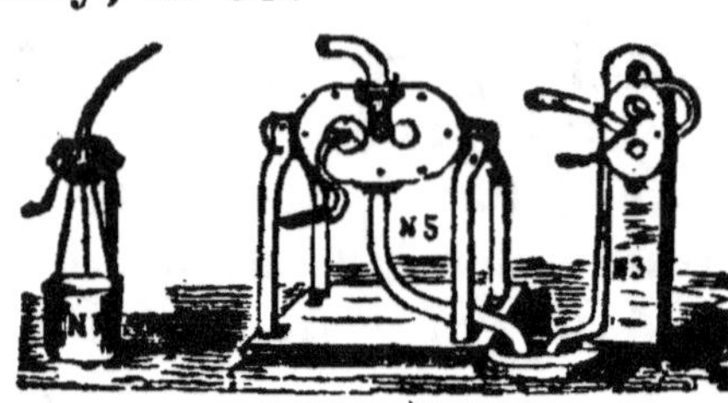

Depuis nombre d'années, beaucoup de pompes ont été établies ; mais aucune n'a présenté les avantages voulus : toutes en général pèchent par le défaut de solidité, la complication du mécanisme, les nombreux frottements qui nécessitent des réparations multipliées, enfin par l'excessive élévation du prix.

L'on attendait une pompe simple, solide, exempte d'entretien, pouvant servir à tous les usages, se placer facilement dans tous les endroits, et qui fût d'un prix modéré. Après trois années de recherches, MM. Balin et Desvignes sont parvenus à résoudre ce problème par l'invention d'une pompe rotative aspirante et foulante, d'un effet puissant et d'une solidité à toute épreuve.

Cette pompe est applicable à tous les usages domestiques, agricoles et manufacturiers ; elle peut servir pour les raffineries de sucre, les épurations d'huiles, les machines à vapeur ; elle remplacera aussi avec avantage les pompes employées pour la marine et contre les incendies, et elle peut conduire l'eau dans les endroits les plus élevés.

Ses principaux avantages sont : un mécanisme simple, durable et solide, puisque la pompe, fixée seulement avec deux vis, peut être posée par le premier ouvrier venu dans l'espace d'un quart d'heure ; d'être exempte de bruit, de donner un jet continu, d'aspirer et de projeter à une grande hauteur un volume d'eau considérable. Sa forme est gracieuse, son poids extrêmement léger, comparativement aux autres pompes connues, puisqu'il varie depuis 5, 15, 25, 100, 150 kilogr., suivant le volume d'eau désiré. Un enfant de huit ans, avec le n° 1, peut donner mille litres d'eau à l'heure, l'élever à plus de cinquante pieds, et la lancer à plus de trente-six, résultats admirables pour l'arrosement des jardins.

Elle n'a point l'inconvénient, si dangereux pour les machines à vapeur, de s'arrêter par l'introduction de corps

étrangers, tels que la paille, éclats de bois et autres ingrédients, puisque rien ne peut s'opposer à sa marche, une
fois mise en mouvement.

Elle est la seule qui ait pu être adoptée par un grand
nombre de raffineries et de papeteries, où une expérience
de plusieurs années a confirmé toutes les prévisions, car
maintenant toutes les raffineries de la Villette, près de Paris, et celles qui se montent, ont recours à ce système, et,
pour s'en convaincre, on peut s'adresser à ces divers établissements, où, tout en les voyant fonctionner, on obtien-
dra tous les renseignements que l'on pourra désirer.

TARIF DES PRIX.

Numéros des POMPES.	Nombre de litres à l'heure	Nombre de révolutions par minute.	Diamètre des tuyaux.	Prix de corps des pompes.
1	1000	60	9 lignes.	80
2	1200	60	12 »	100
3	1800	60	15 »	140
4	2500	60	18 »	170
5	3000	60	18 »	200
6	6000	60	21 »	300
7	18000	60	30 »	600
8	30000	60	36 »	960

OBSERVATIONS.

Toutes ces pompes sont garanties, pendant une année,
de tout vice de construction.

Les tuyaux, brides, volants, clapets et tous autres accessoires, ainsi que la pose, sont en sus des prix désignés.

Seulement il faut avoir soin de prévenir MM. Balin si les
pompes doivent aspirer des liquides chaux ou acides.

Ces fabricants, qui ne font leurs ventes qu'au comptant,
laissent les frais d'emballage et de transport à la charge de
l'acquéreur.

Ils établissent aussi des manéges.

On peut leur adresser des commandes, mais ils ne reçoivent que les lettres affranchies.

86. — FÉRON, fabricant de RAMPES, à Paris, rue de Clichy, n. 29.

Ce fabricant, auquel l'Académie de l'industrie et la Société d'encouragement ont décerné des médailles d'argent,
est arrivé, comme l'ont dit les deux rapporteurs de ces Sociétés, à se faire remarquer par l'élégance des formes qu'il

donne à ses rampes, et par la solidité de leurs assemblages, point important pour une main courante, toujours composée d'une infinité de morceaux.

Ce fabricant est même parvenu à faire de cet article de menuiserie un objet d'art et de curiosité ; les incrustations en mosaïque de ses rampes sont du plus beau fini et de l'exécution la plus parfaite ; leur coupe et leur moulure sont du meilleur goût, et son modèle cannelé en forme de thyrse, et travaillé à la mécanique, est un chef-d'œuvre dans ce genre.

Il expose divers modèles de ses rampes ou mains courantes, de richesse graduée suivant les prix.

87. — CORDERANT, fabricant de CRISTAUX garnis, à Paris, rue de Bracq, n. 4.

Sa spécialité est de se livrer à la fabrication des cristaux garnis pour remplacer le cuivre dans une foule d'articles de quincaillerie, tels que les boutons et olives des serrures, des espagnolettes, les patères et autres objets, que l'on pourra dorénavant toucher sans qu'ils laissent aux mains une odeur de cuivre, toujours très désagréable.

88.— AMIARD, sellier-bourrelier, à Paris, rue du Jardin-du-Roi, n. 21.

Expose des colliers de chevaux qui possèdent sur les anciens colliers le grand avantage de ne plus blesser, si bien que les chevaux déjà écorchés se guérissent promptement en faisant usage de ce nouveau genre de colliers ; aussi beaucoup de personnes qui en ont fait l'essai, s'en trouvent très satisfaites.

89. — LAURY, fabricant de CHEMINÉES et de CALORIFÈRES, rue Tronchet, n. 29 et 31.

Le but de cette invention est d'économiser dans un grand nombre d'habitations une pièce destinée spécialement à faire la cuisine.

M. Laury a rendu ses cheminées applicables aux petites comme aux grandes localités, aux magasins comme aux boutiques, ou aux salles à manger, et généralement aux pièces qui doivent servir à la fois de salle et de cuisine.

Il fabrique et expose divers appareils de chauffage pour appartements et boutiques, etc., auxquels il peut adapter à volonté des systèmes culinaires, dont l'objet est de faire la cuisine d'une manière invisible et sans répandre d'odeur. Ces systèmes lui ont déjà valu une médaille d'honneur de l'Académie de l'industrie, et lui ont fait obtenir huit brevets d'invention et de perfectionnement.

90.—LOYSEL, FROGER et Cie, fabricants, brevetés pour 15 ans, des FOURNEAUX A CONCENTRATEURS de Mourand, 10, rue du Grand-Prieuré, près de la rue d'Angoulême-du-Temple, à Paris.

MM. Loysel et Froger exposent et fabriquent des fourneaux qui doivent tout particulièrement intéresser le public par leur nouveauté et leur utilité : car ils ont l'avantage de permettre de faire la cuisine sans bois ni charbon au moyen d'une lampe à huile ou à esprit de vin, ou du gaz ; économie considérable de temps et de combustible.

Ces fourneaux, ne produisant aucune chaleur extérieure, aucune fumée, aucune émanation désagréable, peuvent être placés dans une salle à manger, et ne réclament aucun soin pour l'entretien du foyer de chaleur, qui conserve constamment l'intensité de chaleur qu'on a jugé convenable de lui donner.

On trouve à la fabrique :

Fourneaux de cuisine établis sur toutes dimensions ;

Appareil pour chauffer les fers à repasser ;

Appareil pour chauffer les fers à papillotes et donner de l'eau chaude, appliqué spécialement aux coiffeurs;

Appareil-fontaine pour le vin chaud, appliqué spécialement aux marchands de vins ;

Appareil-fontaine riche pour le thé, avec lampe Carcel ;

Appareil fontaine simple pour le thé, avec lampe Carcel;

Appareil-fontaine pour l'eau de la toilette, le café, le chocolat, etc., fonctionnant indifféremment à l'huile ou à l'esprit de vin ;

Four pour la pâtisserie ;

Rôtissoire donnant un rôti aussi parfait que celui qu'on obtient au feu;

Bains-marie appliqués à tous les cas pour restaurants, cafés, etc.

Simples ou riches, ces appareils sont solidement établis.

La compagnie exécute sur commande des fourneaux composés, comprenant de grands et petits fourneaux simples, rôtissoires, bain-marie, etc. Ils peuvent être chauffés par une lampe à becs multiples et à réservoir supérieur ou inférieur, ou par le gaz.

La compagnie se charge également d'établir des fourneaux sur une grande échelle dans les manufactures, particulièrement pour échauffer les cuves de teinture. Elle garantit tous les résultats qu'elle annonce; en un mot elle se charge de donner à toutes les applications que comprennent ses brevets pris pour cette année tout le développement désirable.

Expériences publiques tous les jours de deux heures à cinq heures à la fabrique.

91. — FICHET jeune, instituteur industriel, chef de l'Ecole d'Architecture, à Paris, rue du Faubourg-Saint-Honoré, n. 14.

L'idée de montrer aux enfants que les parents destinent à l'industrie toutes les notions élémentaires qui doivent leur être utiles dans l'état qu'ils embrasseront mérite d'être encouragée et soutenue par tout ce qui tient à l'industrie ; aussi les efforts de M. Fichet jeune ont-ils obtenu l'assentiment de l'Académie, qui croit favoriser encore l'industrie en accordant une protection toute spéciale à cet instituteur, dont l'exposition se compose de toutes pièces dessinées, moulées et confectionnées par ses seuls élèves.

92. — VERSTAEN, serrurier-mécanicien, fabricant de coffres-forts, à Paris, rue Beaujolais-du-Temple, n. 6 et 7, au Marais.

Expose un secrétaire en fer servant de coffre-fort à secret et à doubles combinaisons parfaitement incrochetables et à l'abri de toute tentative de vol. Il existe en outre à l'intérieur de ce coffre une autre caisse à courant d'air pour empêcher le feu d'y pénétrer en cas d'incendie.

Il fabrique également des coffres-forts doublés en fer battu de toute dimension, à des prix très modérés.

On trouve aussi chez lui un grand assortiment de serrures parfaitement incrochetables, à l'abri de toute fausse clef.

93. — ROLIN, quincaillier, breveté du roi, à Paris, rue Pierre-Levée, n. 15.

Ce quincaillier, qui s'est fait breveter d'invention,

Expose de nouvelles *Crémones* appelées *Crémones parisiennes,* ou ferrure-fermeture à bascule pour portes et croisées. Il tient aussi les mouvements de sonnettes à ressort et rosaces, et arrêts-persiennes en fonte à pompe, ainsi que les clavettes à ressort pour boulons de fermeture, et autres articles de serrurrie.

94. — VLEMINCX, chirurgien-dentiste, à Paris, rue Richelieu, n. 32.

Déjà admis à plusieurs expositions industrielles, il expose des dents minérales perfectionnées tant pour leurs formes que leurs couleurs. Ces dents, dites de Pernet, à transparence rouge, ont toute l'apparence de la vie. Le prix en est réduit des trois quarts pour ses confrères. Il bouche les dents cariées avec une pâte métallique liquide et à froid, prenant en quelques heures la solidité du fer.

95. — CAZAL, fabricant breveté de PARAPLUIES A BAGUES ET BASCULES, à Paris, boulevart Montmartre, n. 10, en face la rue Neuve-Vivienne.

Parapluies et ombrelles à bagues et bascules, à 12 fr. et au dessus, les seuls dont la supériorité a été reconnue par le jury de l'exposition de 1839, qui a décerné une médaille d'honneur à M. Cazal, inventeur breveté.

Ce mécanisme a l'avantage d'éviter toute espèce d'entaille dans la canne du parapluie, ce qui les rend à la fois plus solides et plus légers, sans que le prix en soit augmenté.

M. Cazal est aussi l'inventeur des parapluies de voyage, dont la canne se démonte à volonté, ce qui permet de s'en servir séparément.

La simplicité du mécanisme n'exigeant aucune réparation, permet à l'inventeur d'en donner toute garantie.

Pour prévenir toute contrefaçon, chaque parapluie portera le nom de l'inventeur.

96. — B. HATZENBUHLER et FAURE, facteurs de PIANOS du roi, à Paris, rue de Reuilly, n. 35, faubourg Saint-Antoine ; leur magasin rue de Richelieu, n. 108.

L'importance et le mérite des produits de cette fabrique se sont révélés à la dernière exposition. Cette maison, encore nouvelle, puisqu'elle comptait à peine deux ans d'existence, occupait déjà soixante ouvriers. Un développement aussi considérable en si peu de temps a eu pour cause le perfectionnement apporté par le sieur Hatzenbühler à la confection du piano droit à cordes verticales; ses instruments, déjà recherchés des artistes, et dont il avait placé un nombre considérable, quoique son nom ne fût pas encore populaire, ont vu leur supériorité constatée par le jugement du jury central de l'exposition, qui a décerné à MM. B. Hatzenbühler et Faure la seule médaille accordée à ce genre de pianos.

Ils n'ont pas moins réussi dans la confection des pianos carrés et à queue. Les instruments de cette fabrique se recommandent en général par une grande solidité de construction, la puissance et la rondeur des sons.

Enfin ce qui surtout recommande la fabrique de MM. B. Hatzenbühler et Faure et leur a valu au mois de décembre dernier le titre et le brevet de facteurs de pianos de Sa Majesté, c'est la modération de leurs prix relativement à l'excellence de leurs instruments.

97. — CLERVILLE, coiffeur, breveté pour les PERRUQUES HYGIASTELNIQUES, rue Montorgueil, n. 84, à Paris.

Les perruques ont deux vices principaux auxquels les fabricants n'ont pu remédier jusqu'à présent. Le premier, c'est l'épaisseur occasionnée par le ruban et le tulle, puisqu'ils interceptent l'air, si salutaire aux personnes de 40 à 50 ans, de plus, elles mettent au moins trois à quatre heures à sécher sur la tête lorsqu'elles ont été mouillées par une transpiration abondante ; le second vice est non moins désagréable : elles se rétrécissent considérablement en très peu de temps, ce qui tient à la multitude infinie de points de couture, car la monture seule d'une perruque d'homme bien conditionnée en exige plus de 25 mille, et la fixation des cheveux tassés sur le tulle et ruban au moins autant. Tous ces calculs sont irrécusables, et un fabricant de bonne foi ne peut les nier. Le procédé qui a servi à fabriquer celle présentée par M. Clerville évite tous ces inconvénients.

98. — ROUSSEVILLE, fabricant breveté d'un alliage blanc appelé WOLFRAM, à Paris, au Renard rouge, rue Saint-Denis, n. 257, passage du Renard, n. 12, en face la fontaine Grenétat.

Ce fabricant, dont les produits ont été admis à l'exposition de 1839, est sorti du rang des fondeurs ou potiers d'étain ordinaires par le soin qu'il donne à ses articles, remarquables surtout par la beauté de leurs formes et la pureté de leur métal.

Pour arriver avec plus de certitude à cette pureté, point si important pour les couverts et autres vases culinaires dans lesquels on doit craindre des traces d'arsenic, il a été obligé d'inventer un nouvel alliage imitant l'argent, salubre, blanc, très solide, et non cassant, portant le nom de Wolfram, avec lequel il établit de nouveaux couverts, fourchettes à découper pour service de table, timbales, bols, soucoupes, etc. Il continue toujours à fabriquer les mêmes articles en métal d'iridium, argentin, d'Alger et de platinique, ainsi que toute la poterie d'étain, telle que seringues de toutes dimensions, balances, comptoirs, mesures, brocs de marchands de vins, robinets et moules à chandelles.

Il tient aussi des clyso-pompes assortis à jet continu et intermittent, d'un nouveau système à soupapes coniques perpendiculaires empêchant l'air de communiquer, et fonctionnant avec plus de douceur et de promptitude que tous ceux qui ont paru jusqu'à ce jour.

99. — VINKEN neveu, successeur du sieur Bolders, fabricant de FONTAINES A THÉ, à Paris, rue Saint-Honoré, n. 315, presque vis-à-vis l'église Saint-Roch.

Ce fabricant, auquel on a accordé des mentions honorables aux expositions de 1834 et 1839, se livre particulièrement à la fabrication des fontaines à thé ayant l'avantage de faire bouillir de l'eau en dix minutes. L'on peut en même temps y faire bouillir du lait, y cuire des œufs, chauffer un plat et tout ce qu'on désire. Vinken est l'inventeur d'une cafetière à la vapeur, établie par un nouveau procédé, et permettant de faire avec une demi-once de café moulu deux tasses de café, opération qui se fait par la vapeur dans un globe en cristal. Il est aussi l'inventeur d'une bouillotte de voyage à robinet à vis, d'un très petit volume et à pieds plongeants. On trouve également dans ses magasins des réchauds de table à bougie et à braise, des flambeaux, bougeoirs, cafetières et théières de toutes sortes, des cafetières du Levant, des plateaux en tôle vernie, des corbeilles et pyramides pour fleurs, des corbeilles à pain et à couteaux, et tout ce qui concerne les ménages.

100. — COSSON, fabricant de BILLARDS et *fournisseur du roi*, à Paris, rue Grange-aux-Belles, n. 20 bis.

Ce fabricant, auquel on a accordé une mention honorable à l'exposition nationale de 1839, se livre à la fabrication non seulement des billards ordinaires, mais à celle des billards de luxe; il donne même tant de soins à ces derniers, qu'il en fait, par la richesse et le bon goût de leurs ornements, des meubles justement dignes de figurer dans les châteaux royaux, où déjà plusieurs se trouvent placés.

Il expose un *billard renaissance* dans le genre de ceux que l'on achète pour les châteaux royaux.

101. — PETIT, pharmacien, à Paris, rue de

la Cité, n. 19, fabricant breveté de CLYSO-POMPES.

Il expose 1º Divers *clyso-pompes ordinaires* et des *néo-cluses* ou *clyso-pompes* à jet continu ;

2º Un assortiment de *tubes imperméables* en caoutchouc de toute espèce ;

3º Un *thermopode*, ou appareil pour les bains de pieds ;

4º Une nouvelle *pompe* de jardin, appelée *rhéno-pompe ;* elle est à jet continu et portative, et munie d'un appareil qui lui permet de diriger le jet à volonté et dans toutes les directions, avantage qu'elle a sur tous les instruments de ce genre. Elle est en zinc ou en cuivre et zinc, et le prix n'est pas élevé, malgré son fini et sa bonne construction.

102. — BUIGNIER, graveur sur acier et fondeur en fer pour les POINÇONS et MATRICES de bijouterie, à Paris, rue Saint-Maur-du-Temple, n. 100.

Expose 1º *Des copies en plomb* tirées sur des masses ou matrices en acier forgé, gravées par l'enfonçage des poinçons fondus, ciselés et trempés ;

2º Un *poinçon* sortant du moule ;

3º Un *poinçon* ciselé et trempé ;

4º Une *matrice* enfoncée par le poinçon trempé ;

5º *Copie en plomb* tirée sur la matrice ;

6º *Original en fonte* repoussé à haut relief, gravé et enfoncé à l'aide du moulage et des poinçons de fonte douce de fer.

103. — ANDRAS DE VAUDRON (le lieutenant-colonel comte), propriétaire breveté de la PARFUMERIE ARABE, à Paris, rue de Seine-Saint-Germain, n. 36.

Le lieutenant-colonel Andras, inspecteur général des prisons militaires et ateliers des condamnés de la régence d'Alger, fait confectionner devant lui le précieux *élixir sardna*, dont la recette incomparable, dit-il dans son prospectus, a été trouvée à la Casbah. Cette recette, qui avait appartenu à la belle Circassienne du dey d'Alger, avait été enfouie par elle à l'approche des Français. Le lieutenant-colonel Andras est le seul possesseur de cette heureuse découverte. Depuis 1831 jusqu'à ce jour, il n'a céssé de faire des essais, qui tous ont été couronnés des plus heureux résultats. — Cet élixir est approuvé par la haute société.

En recommandant cet élixir, on oblige un officier supérieur que des circonstances forcent à recevoir une faible rétribution de ce qu'il aurait désiré propager gratuitement.

Cet élixir est fabriqué par la distillation composée de plantes cueillies au pied du mont Atlas par le lieutenant-colonel Andras, qui en a apporté une grande quantité. Cet élixir est généralement employé dans la Circassie ; c'est à l'usage habituel qu'en font les Circassiennes qu'il faut attribuer cette blancheur et ce lisse de la peau tant enviés de nos dames. Le parfum en est suave et surpasse toutes les odeurs. Il conserve et rend la jeunesse à la figure, fait disparaître les rides, boutons et rousseurs de la peau, guérit les dartres, fortifie la vue, guérit la mauvaise odeur de la bouche, ôte les maux de tête, ôte le feu du rasoir et tend la peau. — 2 fr. le flacon.

MANIÈRE DE S'EN SERVIR.

1º Pour la figure, mettez-en quelques gouttes pures dans un verre, et, avec la barbe du bout d'une plume, passez-en sur la peau, et laissez sécher. Cette opération se fait après la toilette, ou avant, si on se sert d'objets que l'on veuille conserver.

2º Pour les yeux, fermez-les, passez-en sur les paupières, et ne les ouvrez que quand l'élixir sera sec ; c'est l'affaire d'un moment pour être satisfait. Je parle des vue faibles et fatiguées, le reste à la faculté de médecine.

3º Pour la mauvaise haleine, quelques gouttes dans de l'eau, et se gargariser.

4º Pour les dartres, employez-la pure, toujours avec la barbe d'une plume ; plus vous réitérez, et plus promptement les indispositions disparaissent.

5º Pour les maux de tête, quelques gouttes dans le creux de la main, et respirer fortement. Dans toutes vos indispositions, ayez recours à votre flacon, respirez-en, et vous vous convaincrez que c'est un trésor inappréciable.

6º Les amateurs de *gloria* peuvent en mettre quelques gouttes dans leur tasse à café, et ils trouveront une ambroisie inconnue en Europe.

On trouve chez le même auteur l'incomparable *savon* des Marabouts de la Mecke, qui blanchit, nettoie et adoucie la peau à la minute ; il est excellent pour la barbe. 1 fr. la boîte.

MANIÈRE DE S'EN SERVIR.

En prendre une pincée ou deux, et frotter les deux mains, en ayant soin de les humecter d'un peu d'eau.

Pour toutes les parties du corps que l'on veut faire devenir blanches, douces et nettes, il suffit d'en étendre un peu sur un linge mouillé, et frottez, vous serez satisfait à la minute.

La pommade s'emploie, comme tant d'autres, pour le lisse des cheveux, pour en empêcher la chute, et les faire croître; il faut en étendre légèrement sur la peau le soir avant de se coucher.

Le lieutenant-colonel Andras est aussi le seul possesseur de la *pommade de graisse de porc-épic*, et de *plantes aromates ;* elle fait croître les cheveux, favoris et moustaches, en empêche la chute, et leur donne le plus beau lisse. 1 fr. le pot.

Les personnes qui douteraient de l'efficacité des trois objets énoncés ci-dessus sont priées de se présenter chez le lieutenant-colonel Andras, qui se fera un plaisir de les convaincre facilement.

Pour que les flacons et pots soient véritables, ils porteront la signature de l'auteur faite à la main, et le prospectus revêtu de ses armes.

Tout contrefacteur sera poursuivi devant les tribunaux.

104. —LECHERBONNIER, imprimeur LITHO-GRAPHE, rue Jean-Pain-Mollet, n. 10.

Plus nous marchons, plus l'invention de Sennefelder prend d'essor et acquiert de développement, La lithographie est donc dans un état de progrès tel, que le dessin sur pierre, que l'artiste jadis avait quelquefois de la peine à reconnaître sur l'épreuve qu'il devait corriger, est aujourd'hui rendu avec les finesses les plus légères et les teintes les plus vaporeuses. Les essais de toute nature viennent avec netteté, et la pierre, en réalité, donne au papier tout ce qu'elle a reçu.

M. Lecherbonnier a suivi cette marche importante du progrès, et, pour preuve de ce qu'il peut faire, il expose divers échantillons d'épreuves sorties de ses presses.

Ainsi il expose et vend, avec l'autorisation qu'il en a sollicitée de l'auteur, un *tableau d'histoire sainte* qu'il a lithographié avec une netteté et un soin remarquables. Ce tableau présente, par une disposition ingénieuse, outre les faits marquants, une division chronologique claire, la géographie de la Terre-Sainte, et la généalogie des principaux personnages depuis Adam jusqu'à Jésus-Christ.

M. Lecherbonnier est aussi autorisé à vendre les autres tableaux du même auteur, ceux des *histoires ancienne, romaine*, et celui des *règnes de l'histoire de France*, indispensable à tout enfant qui commence cette dernière étude ; ainsi que l'*Histoire de France*, 2ᵉ édition, avec texte, 73 gravures sur acier, cartes, médaillons, etc.

105. —OULMAN, de Berlin, fabricant breveté de CUIRS A RASOIRS CHIMIQUES ET ÉLASTIQUES, à Paris, boulevard Montmartre, n. 8, en face le théâtre des Variétés.

Ces cuirs sont fabriqués avec de véritables peaux de Russie tannées avec un produit chimique, dont l'entretien n'exige qu'un peu de mousse de savon. Ces cuirs, par suite de leur excellence extraordinaire, jouissent d'une grande faveur dans tous les pays de l'Europe. L'expérience a prouvé qu'ils surpassent ce qui a paru jusqu'à ce jour, et peuvent dispenser de tout autre moyen d'aiguiser les instruments. Pour le prouver, M. Oulman les donne à l'essai pendant quinze jours.

106. — MARREL, fabricant d'ÉCRANS à main, à Paris, rue Phelippeaux, n. 15.

Fabrique des écrans à main en tout genre, de toutes les formes et grandeurs, transparents à double éffet, non transparents, et canevas pour broder. Il fabrique aussi de grands écrans de cheminée de forme moderne, qui donnent par leur mécanisme les plus beaux effets du diorama; des écrans diaphanorama avec des effets de nuit, et montés en palissandre et à coulisse. Il tient en outre des écrans pour table, pour lampes, bougie et guéridon.

107. — EVEILLARD, horloger-mécanien, fabricant breveté d'AVERTISSEURS dits SENTINELLES ÉVEILLARD, à Paris, rue Bichat, n. 2, faubourg du Temple.

Cette utile invention, que l'on a confondue à tort avec les *alarmes des Anglais*, dont elle est une importante amélioration par suite de sa simplicité, a été recommandée au comité des manufactures par M. L. Malepeyre, membre de ce comité; elle se résume en un petit appareil qui ue présente qu'une surface de quatre pouces environ, destiné à empêcher les vols en avertissant toute une maison, et le concierge principalement, qu'un étranger cherche à s'introduire chez une personne absente. Cet ingénieux procédé mécanique peut s'adapter à toute sorte de portes, et, lorsqu'il sera connu, il deviendra d'un usage presque aussi général que les serrures, pouvant même suppléer avec avantages aux plus mauvaises. C'est une véritable sécurité offerte aux banquiers, agents de change, notaires, horlogers, bijoutiers, joailliers, et généralement à tous les possesseurs ou dépositaires d'objets précieux.

« L'appareil Eveillard, dit **M.** Malepeyre (rapport du 6 février 1840), peut recevoir mille applications et mille usages utiles. Ainsi on peut l'appliquer dans les maisons particulières, dans les usines, fabriques, fermes, etc, pour découvrir une foule de petits larcins domestiques qui échappent à la vigilance des maîtres par l'adresse avec laquelle ils sont commis. Enfin la pose de cet appareil est tellement simple, que toute personne douée de quelque adresse peut facilement le poser elle-même, et le serrurier le moins habile le disposerait avec la plus grand facilité. »

. La sentinelle-Eveillard peut s'appliquer avec sonnerie ou détonation, cela est tout à fait facultatif. A l'aide de combinaisons locales, on peut faire partir un réveil au chevet de son lit, comme dans la partie la plus éloignée, la plus haute ou la plus basse de la maison, et même chez un voisin ; d'où il résulte une mutualité de surveillance et de sécurité. Du reste, ce mécanisme n'offre aucune espèce de danger. L'auteur, sollicité par beaucoup de personnes de rendre son appareil meurtrier, s'y est constamment et positivement refusé, son but étant seulement de prévenir les vols, et de respecter la haute mission des magistrats chargés de punir les voleurs.

Ecrire, franc de port, à M. Eveillard, 2, rue Bichat, faubourg du Temple.

108. — ZEGELAAR, fabricant de cire à cacheter, façon de Hollande, à Paris, rue de la Corderie, n. 1 et 5, au Marais.

Admis aux expositions nationales de 1834 et 1839, et ayant obtenu une médaille d'argent de l'Académie de l'industrie en 1835, et fournisseur de S. M. la reine des Français.

Cette fabrique soutient toujours la réputation qu'elle possède depuis deux cents ans pour la fabrication des cires rouge, noire et de toutes les couleurs ; elle est arrivée à les porter au plus haut degré de perfection, et à leur donner un poli ayant l'éclat du vernis le plus brillant.

Pour exemple de la beauté de ses produits, il expose une montre remplie de cires de toute qualité et de toutes les nuances, moulées sous toutes les formes les plus nouvelles et les plus recherchées.

109. — SAVARY, ébéniste, fabricant de CADRES, à Paris, rue Mazarine, n. 40.

Se livre particulièrement à la fabrication des cadres en palissandre, citronnier, acajou et autres bois des îles, ainsi qu'en érable et bois de sapin, ornés d'incrustations riches ou de simples filets. Il expose plusieurs échantillons de ce genre de cadres, dont il a toujours chez lui un assortiment très complet.

110. — VERREAUX, fabricant d'ouvrages en zinc, à Paris, rue Jean-Robert, n. 26.

Chaque année, l'application et la consommation du zinc augmente dans une progression surprenante. Ainsi, en 1834, il n'est entré que 58,400 quintaux de zinc en France, et en 1838 ce chiffre s'est élevé à 116,100 quintaux. Cependant aucune partie du territoire de la France n'en produit ; c'est donc une matière dont elle prend l'habitude de se rendre tributaire de l'étranger. Il faut, par conséquent, que son bas prix compense cet inconvénient. Aussi c'est par suite de ce bas prix qu'on l'emploie à fabriquer une foule d'instruments de ménage ; mais l'application que l'on en fait depuis le plus long temps et toujours avec succès c'est dans les couvertures ; seulement les fabricants ont modifié tour à tour les formes de leurs ardoises, formes qui tantôt ont été mal accueillies et tantôt ont été fort approuvées. Parmi ces dernières, on peut ranger celles de M. Verreaux, qui ont obtenu une citation favorable à l'exposition nationale de 1839.

Il expose un petit modèle de toiture en zinc ; un modèle de flèches et de points cardinaux en zinc doré, afin de remplacer le fer et ayant la même solidité, pour paratonnerres et girouettes; divers pots et cuvettes en zinc verni à l'usage de la toilette.

111. — VERREAUX, naturaliste, à Paris, boulevard Montmartre, n. 6.

Par suite de ses nombreux voyages dans les Indes et du long séjour que lui ou ses frères ont fait et font encore au Cap de Bonne-Espérance, M. Verreaux est plus que tout autre naturaliste à même de toujours avoir dans ses collections les espèces, variétés, ou sujets des trois règnes, végétal, animal ou minéral, les plus rares : car, les ayant apportés en France et continuant à les y recevoir directement, il a souvent la possibilité de remplir les vides que les ventes lui font éprouver ; aussi les offre-t-il toujours riches de leur fraîcheur naturelle.

M. Verreaux expose un *groupe* représentant un aigle défendant sa proie, véritable épisode du désert. D'un côté, l'on voit la timide gazelle (*Antilope rupestris*), que sa course rapide n'a pu protéger, se débattre sous la serre puissante du roi des airs (*Aquila Verreauxii*, espèce nouvelle dédiée par la science à celui qui l'a découverte), tandis que l'astucieux et pusillanime chacal (*Canis Variegatoïdes*, espèce nouvelle également due aux excursions de M. Verreaux dans l'intérieur de l'Afrique), espérant une proie facile, se glisse furtivement pour s'en emparer.

A cette pose majestueuse, à ce regard courroucé, à ces serres énergiquement contractées, qui ne reconnaîtrait le souverain de ces plages lointaines, triomphateur sans partage, prêt à punir l'audacieux, quel qu'il fût, qui tenterait de lui ravir sa victime ?

Dans ce groupe, M. Verreaux a su rendre avec la plus grande perfection le mouvement et la vie de chacun de ces animaux. C'est une œuvre de véritable artiste, devant lequel d'autres artistes s'inspireront, nous n'en saurions douter. Où donc, en effet, la peinture et la sculpture elle-même iraient-elles aujourd'hui chercher des modèles, lorsqu'elles trouvent dans les préparations taxidermiques non seulement des sujets rares et de choix, mais, ce qui est bien plus précieux encore, l'habitude, le regard, et jusqu'à la pensée d'instinct, qui, en reconstituant l'animalité, redonnent à la nature morte une vie toute nouvelle.

112. — ROLLAND, coiffeur breveté, à Paris, rue Caumartin, n. 34.

Ce coiffeur a été breveté d'invention et a reçu une médaille d'honneur pour l'introduction du caoutchouc dans le travail des cheveux. Il fabrique des perruques et toupets de toutes façons à des prix fixes et modérés, et il est le seul fabricant de perruques qui ne se défrisent pas, à l'usage des cochers (genre anglais), et des toupets sans tresses, très légers, pour les personnes sensibles de la tête.

Nota. Ne pas confondre avec la boutique à côté.

113. — BENOIST, CHIRURGIEN-DENTISTE, à Paris, rue de Sèvres, n. 3, adjoint aux écoles municipales du 12e arrondissement, chargé spécialement de celles Cochin.

Expose 1º une collection de prépartions de la première et deuxième dentition, faisant voir la formation des dents depuis l'embryon de trois mois jusqu'à l'âge de sept ans, et successivement de cinq en cinq ans jusqu'à l'âge de 95 ans.

Cette collection est terminée par deux pièces en cire montrant, l'une la distribution des artères et des veines de la tête, l'autre celle des nerfs.

2º Une collection de pièces de dents artificielles.

Un dentier monté sur une mâchoire, et mû par une mé-

canique , faisant voir les fonctions de cette partie artificiel-
le de la bouche.

Il est visible tous les jours chez lui depuis 9 heures du
matin jusqu'à 6 heures du soir.

**114. — ROBERT (Henri), horloger de la Reine
et du Duc de Nemours, à Paris, rue du Coq-Saint-
Honoré, n. 8, correspondant de plusieurs Sociétés
savantes.**

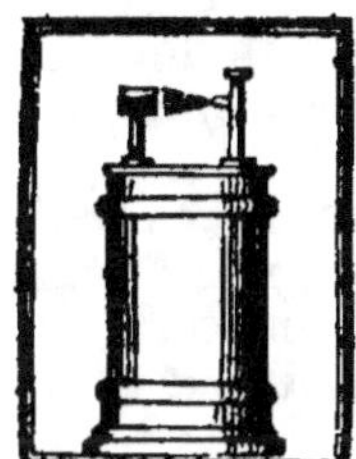

BRIQUET A GAZ DE 10 A 40 FR.

Pour obtenir du feu , il suffit de poser
le doigt sur la clef de l'appareil.

Ayant obtenu des médailles d'or à la Société d'encouragement en 1834 et à l'Académie de l'industrie en 1835.

Il fabrique 1° des pendules du prix de 78 fr. , auxquelles
il a apporté de nouvelles améliorations ;

2° Des pendules marchant un mois par une disposition
simple et nouvelle. (Il a réduit le prix à 100 fr.)

3° Des montres solaires qui servent à régler les montres
et les pendules ;

4° Des réveille-matin universels auxquels toutes les montres s'adaptent et suffisent pour faire sonner le réveil à
l'heure fixée ;

5° Des montres à secondes ou compteurs, qui sont aujour-
d'hui tellement variés, que ces instruments servent à la
mesure du temps dans tous les cas d'observation possible
(dans les prix de 60 à 250 fr.).

Il expose

Divers modèles de chronomètres et de pendules de précision.

Il expose surtout des briquets à gaz hydrogène d'une
forme nouvelle, donnant de la lumière plus aisément que
les anciens.

**115. — LEROY (Alphonse) , fabricant de STO-
RES, à Paris, quai Saint-Michel, n. 15.**

Expose des stores dont l'exécution lui a mérité à l'exposition nationale de 1839 une mention honorable. Les uns
sont de sa composition, les autres ne sont que des copies
faites d'après des croquis qu'il a pris en voyage sur la nature.

116. — **VEYRAT** et Fils, fabricants d'orfévrerie en argent, doublé et plaqué, ayant obtenu des médailles de bronze et d'argent aux expositions nationales de 1827, 1834 et 1839, à Paris, rue de Malte, n. 20, près le boulevard, et dépôt boulevard des Italiens, dans le passage de l'Opéra, n. 15 et 17.

Cette manufacture, l'une des plus importantes et des plus anciennes de la capitale, est la seule qui fabrique simultanément l'*orfévrerie en argent*, l'*orfévrerie en plaqué, à tous les titres et prix,* et le *plaqué sur fer.*

Généralement, tout ce qui peut se faire dans ces trois branches d'industrie s'exécute dans les ateliers de **MM.** Veyrat, depuis les pièces des plus grandes dimensions jusqu'aux plus minimes, modèles français, anglais (d'après Birminghan et Sheffield), rocaille, etc.

L'orfévrerie en argent y est confectionnée par les procédés expéditifs usités dans la fabrication du plaqué, tels que le tour pour la retreinte des pièces rondes et ovales, le balancier et le mouton pour l'estampage des ornements, procédés qui rendent l'orfévrerie moins coûteuse tant pour la façon que pour le poids.

Depuis sa fondation en 1815, cette fabrique établit le plaqué extrà-fort, au 5ᵉ ou au 10ᵉ, avec les bordures, anses, poignées et ornements en argent pur.

Cette manufacture, possédant un matériel immense, emploie cent ouvriers, des graveurs, dessinateurs, modeleurs et ciseleurs; établit journellement de nouveaux modèles, et peut exécuter avec promptitude toutes les commandes, quelle que soit leur importance.

Le magasin de la fabrique est d'ailleurs bien assorti.

Les emballages sont soignés de manière à pouvoir garantir des avaries, même pour les voyages d'outre-mer.

Grand dépôt, boulevart des Italiens, passage de l'Opéra, nᵒˢ 15 et 17.

117. — **KOSKA**, fabricant de pianos, à Paris, rue Neuve-Sainte-Catherine, n. 13, près la place Royale.

La confusion des sons qui provenait de la grande distance qu'il y avait entre le point où se trouvait l'étouffoir et le point où venait frapper le marteau était un grave inconvénient que l'on reprochait aux pianos droits; ils avaient aussi le défaut d'avoir leur mécanisme compliqué de manière à ne former du marteau et des étouffoirs qu'un ensemble, puisqu'ils étaient liés et emboîtés l'un dans l'autre, de sorte que pour avoir une pièce il fallait tout démonter. Maintenant M. Koska, qui a déjà obtenu une médaille d'argent de l'Académie de l'industrie en 1836 en imaginant un dernier et nouveau système, a perfectionné ce mécanisme de manière que toutes les pièces (marteau et étouffoir) sont indépendantes l'une de l'autre, et l'étouffoir revient appuyer juste sur l'endroit de la corde que le marteau vient d'attaquer, ce qui produit un son parfaitement net et sans aucune confusion.

118. — MILON-MARQUANT, fabricant de BATISTES-LAINE, à Beine, près Reims, département de la Marne.

Le tissage de la laine marche au moins aussi progressivement que la filature, et l'un des fabricants du département de la Marne qui suivent avec le plus de courage et d'assiduité cette marche progressive est assurément M. Milon-Marquant, auquel le jury de l'exposition nationale a accordé une mention honorable pour de belles pièces de *voiles de laine* extrafines en 55 centimètres de largeur, et cotées à 6, 15 et 50 fr. l'aune.

Aujourd'hui il expose des tissus d'une aussi grande beauté propres à faire ressortir l'habileté de la personne qui a filé le fil, dont plusieurs écheveaux sont également exposés, et le talent de l'ouvrier qui a su arriver à les tisser.

Il fabrique habituellement des batistes et voiles en laine extrafine et autres articles également en laine.

119. — DELIGNOU, coiffeur, fabricant de la GRAISSE D'OURS, à Paris, place de la Bourse, n. 27.

Dans tous les temps et chez tous les peuples, les cheveux ont été considérés comme le plus bel ornement de la tête. Aussi la mode s'empresse-t-elle toujours d'exiger impérieusement que l'on soumette la chevelure à ses moindres caprices. Ainsi, tantôt elle veut qu'elle soit brune, demain il faut qu'elle soit blonde : aussi voyez avec quel soin les fashionables et les lionnes se soumettent à ses exigences !

Mais si la couleur de la chevelure n'a jamais été qu'un objet de mode, il n'en est pas de même de son épaisseur et de sa longueur, car une belle chevelure est toujours un signe de bonne santé, et l'entretien de cette parure de la tête est un soin hygiénique que l'on ne doit jamais oublier ; néanmoins, il ne faut pas s'en rapporter à cette foule de recettes généralement plus propres à flatter l'imagination qu'à produire un effet réel ; quelques unes même sont dan-

gereuses, tant elles sont artificielles : aussi M. Delignou a-
t-il mis tous ses soins à chercher un moyen naturel propre
à rendre la vigueur à la racine des cheveux, et il croit
l'avoir trouvé dans l'adoption de la simple graisse d'ours.

En effet, cette graisse, préparée à froid, possède, dit M.
Delignou, la propriété de faciliter la régénération complète
de la chevelure en 15 jours. Elle fait épaissir les sourcils,
les moustaches et la barbe, hâte la croissance, donne de la
souplesse et de l'élasticité aux cheveux les plus rebelles, les
adoucit et leur donne un lustre qu'aucune pommade ne
peut leur donner.

Si les cheveux tombent, elle ne doit être employée que
le soir ; il faut d'abord bien brosser et nettoyer la tête ; on
l'imprégnera de rhum avec une éponge, et cinq minutes
après, pour laisser au rhum le temps de pénétrer dans la
peau, on graissera bien toutes les parties, et l'on répétera
cette opération jusqu'à ce que la chute soit entièrement ar-
rêtée.

Si, au contraire, les cheveux ne tombent pas, il suffit
d'en mettre tous les matins pour les conserver, les rendre
doux, souples, brillants, soyeux et fins.

Il vend chez lui des flacons de cette graisse aux prix de
1 fr. 25 c., 2 fr. 50 c. et 5 fr., et en expédie en France et
à l'étranger.

**120. — BARBAROUX, fabricant de coraux, à
Marseille, et à Paris, chez M. Bert, rue Hauteville,
n. 3.**

Ce fabricant, pour relever cette industrie des coraux,
que la mode a si long-temps protégée en France, a ouvert
des relations avec les pays qui ont conservé un goût pour
cette parure, et, sous les auspices du général Allard, il a
établi des comptoirs à Calcutta et Lahor pour les Indes o-
rientales, ainsi qu'au Sénégal, à la Gambie, dans la Gui-
née hollandaise, à New-Yorck, à la Nouvelle-Orléans, à
Mexico et à Cayenne ; seulement il s'est réservé le commerce de la France, de l'Allemagne et de la Russie.

Ce fabricant, qui a obtenu une médaille d'argent à la
dernière exposition nationale de 1839, emploie 250 ouvriers,
exporte annuellement pour plus de 700,000 fr., et expose
un jeu d'échecs dont le prix est de 8,000 fr., ainsi que divers objets de parure dont le bon goût des formes, et la
perfection de la taille, de la ciselure et du poli, de même
que la franchise de la couleur et la finesse du grain, sont
bien dignes d'attirer de nouveau la protection de nos dames les mieux faites pour conduire la mode.

121. — LUZIER, sculpteur sur bois, à Paris,

chaussée de Ménilmontant, n. 65, maison d'Emblème.

Depuis quelque temps la sculpture sur bois reprend faveur, et, tandis que M. Grimpré se prépare à exploiter sur une grande échelle son heureuse idée, de modestes artistes se livrent en silence au travail manuel et font avec le ciseau et le burin ce que l'art mécanique doit produire. Au nombre de ces artistes il faut ranger M. Luzier, qui expose plusieurs cadres contenant des reliefs sculptés sur bois avec une grande habileté.

122. — DURAND, orfèvre, élève de M. Odiot père, à Paris, rue du Bac, n. 58, passage Sainte-Marie, n. 8.

Ayant obtenu la médaille d'argent à l'exposition nationale de 1834 et son rappel à celle de 1839, il fabrique spécialement tous les articles en orfévrerie d'argent pour le service de la table.

Il expose diverses pièces d'orfévrerie de la plus grande richesse et du fini le plus précieux.

La trop grande richesse de la pièce qu'il avait exposée en 1839 a seule empêché le jury de lui donner une récompense plus élevée, ayant cru devoir considérer cette pièce comme plus artistique que marchande, quoique pourtant l'orfévrerie en argent, suivant beaucoup de monde, doive travailler pour les maisons royales, les princes et les personnes riches.

123. — GIRARD, fabricant de stores, à Paris, rue Saint-Martin, n. 254.

L'ornementation brillante qu'exige aujourd'hui le luxe de nos habitations nous a fait remplacer nos simples rideaux par ces stores transparents qui, au milieu des plus jolis paysages, laissent arriver fortement adoucis jusqu'à nous les rayons du soleil, et c'est plusieurs de ces stores charmants que M. Girard expose aux yeux du public.

124. — NEUVIER, fabricant de reliefs, à Paris, rue de Sèvres, n. 94.

Expose un relief géographique de la France, propre à l'étude, dressé et exécuté à l'échelle d'un seize cent millième de projection et d'un cent millième de hauteur, représentant les grandes divisions naturelles de la France, avec les différents systèmes de montagnes et leurs principales sommités, les chefs-lieux des départements et des arrondissements, ainsi que les routes royales.

125. — CHAULIN, papetier du roi, de la reine et la famille royale, fabricant breveté, 218, rue Saint-Honoré, au coin de la rue Richelieu.

Expose

L'encrier siphoïde, le seul qui ait obtenu une mention honorable à l'exposition des produits de l'industrie en 1839. Cet encrier, approuvé par divers rapports de plusieurs Sociétés savantes et industrielles, a été reconnu supérieur à tous les autres. L'encre s'y conserve toujours fluide et claire sans exiger ni soin ni entretien. Aucune médaille n'a été décernée par le jury central, aucune mention honorable n'a été accordée à d'autres encriers. L'encrier siphoïde convient également aux personnes qui écrivent peu et à celles qui écrivent beaucoup. Son prix est de 2, 3, 4, 5, 6 fr., et au dessus. Les encriers héraldiques avec siphoïde, dont les modèles, établis par M. Chaulin, ont été déposés, sont, dans leur genre, ce qu'il y a de plus élégant et de plus distingué. — Pour éviter les erreurs auxquelles donnent lieu les nombreuses imitations qui en ont été faites, les véritables encriers siphoïdes portent tous l'indication : *Chaulin, breveté.*

Papier hebdomas. Ce papier fashionable se distingue de tous ceux qui ont été publiés jusqu'à ce jour, autant par l'exactitude des vignettes, dont les dessins ont été faits par l'un de nos premiers artistes, que par l'élégance et la pureté des couleurs, qui en font de véritables aquarelles. Chaque jour a son époque, ses personnages, ses costumes. Ainsi, par exemple, *lundi*, costumes du règne de Henri III ; — *Mardi*, époque de Louis XIII ; — *Mercredi*, Louis XV ; — *Jeudi*, époque du roi Jean ; — *Vendredi*, de Charles VI ; — *Samedi*, de Louis XIV ; — *Dimanche*, de Louis XII.

Prix : 2 fr. en or ou en couleur, 8 fr. à l'aquarelle, compris la couverture, qui forme portefeuille.

N. B. — M. Chaulin vient de faire fabriquer des plumes siphoïdiennes en acier perfectionné, dont la souplesse égale celle de la plume d'oie. Ces plumes conviennent à tous les genres d'écriture, et l'encrier siphoïde, en conservant toutes leurs qualités, les rend presque inusables.

126. — DEVISME, armurier breveté, à Paris, rue du Helder, n. 12.

Les armes de ce fabricant, sur lesquelles un rapport des plus favorables a été fait à l'Académie de l'industrie le 3 juin 1839 par M. le général baron Juchereau de Saint-Denys, et qui a obtenu à la dernière exposition une médaille d'argent, l'ont placé au premier rang de nos meilleurs armuriers. Le beau fini des armes qu'il expose cette année prouve qu'il ne reste pas en arrière des progrès que peut encore faire l'industrie des armes à feu.

Il expose

Plusieurs *fusils de chasse* avec canons en matière composée de 5/8 d'acier et 3/8 de fer, modèles anglais ;

Un *fusil* dont toutes les pièces ont été forgées en damas;

Un *fusil* en acier poli se chargeant par le tonnerre ;

Un *fusil* enrichi d'incrustations en or, et de sculpture ;

Des *fusils* doubles, canons en damas ;

Un *pistolet* à canon tournant, à cinq coups, partant séparément et à volonté ;

Des *sacs à plomb* d'un nouveau modèle, donnant toujours régulièrement la charge ;

Des *capsules Devisme* détonant sans éclater.

127. — PLEXIS, chevalier de la Légion d'Honneur, inventeur breveté de LEVIERS MOBILES, propriétaire à Bonnétable, département de la Sarthe.

Expose une *chèvre* avec un rouleau armé d'un nouveau système de leviers mobiles destinés à remplacer l'embarrage ordinaire sur les chèvres, grues et cabestans qui n'ont pas d'engrenages à manivelles.

128. — CHESNEAUX et VERRIER, mécaniciens, brevetés pour des WAGONS ARTICULÉS, à Paris, rue Navarin, n. 13.

Expose un *modèle*, au cinquième, d'un train de wagon articulés pour chemins de fer, pouvant décrire toute espèce de courbes jusqu'à 25 mètres de rayon, avec l'application d'un nouveau système d'enrayage continu, et d'un gouvernail conducteur de convoi, ce qui présente une double sûreté en cas d'avaries.

La question des chemins de fer est trop à l'ordre du jour pour ne pas attirer sur ce système l'attention des hommes de science, et généralement de tout le public, qu'il peut intéresser.

129. LAFOND, docteur-médecin, fabricant de BANDAGES, à Paris, rue Vivienne, n. 23.

L'établissement du docteur Lafond soutient toujours sa bonne et excellente réputation pour sa fabrication des bandages à pelotes médicamenteuses, dont il expose divers modèles propres à la cure radicale des hernies.

130. — JULIENNE-MOUREAU, faïencier, à Paris, rue du Bac, n. 50.

Quoique n'étant pas fabricant, M. Julienne rend pourtant de véritables services à l'industrie en faisant fabriquer au dehors divers objets de sa partie, et entre autres les porcelaines à décors suivant la mode du jour. Il a été l'un des plus grands propagateurs de ces jolies verreries en couleur imitées de celles qu'on fabriquait en Allemagne.

Il expose de grands *vases* en porcelaine et plusieurs objets fabriqués exprès pour cette exposition.

131. LEBRUN et ALAUX, fabricants de PRODUITS CHIMIQUES pour peinture, à Paris, rue du Four-Saint-Germain, n. 55.

Seule fabrique du *liquide héléographique onctueux*, peinture sans odeur six heures après les couches données.

M. Alaux jeune, peintre en bâtiments, vient, après de longues et constantes recherches, d'appliquer à la peinture de nouveaux procédés, dont l'infaillibilité, constatée par de nombreuses expériences, ne peut manquer d'obtenir les suffrages de MM. les entrepreneurs, et d'apporter dans la composition des couleurs un progrès aussi recommandable par son économie que par ses éléments de salubrité et de confort. C'est donc avec une entière confiance qu'il offre aux entrepreneurs le fruit de ses travaux.

Le premier de ces procédés consiste en deux liquides onctueux, servant à remplacer l'huile dans les peintures en bâtiment.

Le premier liquide est peu ambré et fort gras; il sert exclusivement à l'extérieur comme à l'intérieur pour les couleurs de pierre, de bois, etc., et toutes les teintes foncées.

Le second liquide, au contraire, est blanc, et sert à faire les gris clairs, les blancs, et généralement tous les tons fins, qui sont infiniment plus solides que si on les faisait avec l'essence, comme beaucoup d'entrepreneurs ont l'habitude de les faire.

132. — DEBAIS et COQUET, PLOMBIERS, fabricants brevetés du vasofiltre, à Paris, rue Coquenard, n. 39, et rue de la Bruyère, n. 19.

Le *Vasofiltre Coquet-Debais*, ou cuvette inodore pour le service des eaux ménagères, se plaçant dans l'épaisseur des murs, a le double avantage d'empêcher, par sa construction, toute espèce de miasmes qui se répandent d'habitude dans les maisons, et de ne tenir aucune place sur les paliers, par le moyen d'un conducteur d'eau établi en forme de soufflet, et dont le dormant est scellé à fleur de mur. Ledit soufflet se referme de lui-même aussitôt l'écoulement des eaux.

Le vasofiltre, en forme de panier à son intérieur, a l'avantage de se démonter à volonté pour vider les immondices qui en pourraient occasionner l'obstruction.

Cet appareil de salubrité et d'assainissement des habitations a obtenu des rapports avantageux de la part de la commission des architectes de la ville de Paris, nommée par M. le comte de Rambuteau, préfet du département de la Seine, et de la commission nommée par M. Delessert, préfet de police, où siége M. Gauthier de Claubry, membre du conseil de salubrité, ainsi que de la part de M. Rougevin, architecte du roi à l'hôtel royal des Invalides, et de M. le directeur des bâtiments de la couronne, et M. Dufaut, architecte.

133. — CROUSSE, chapelier, à Paris, rue Dauphine, n. 39.

Expose des *chapeaux* de la plus grande légèreté, et rendus imperméables par des moyens qui lui sont particuliers, et dont le public est appelé à apprécier l'utilité chaque jour. Il a perfectionné ses produits, et l'expérience seule prouvera qu'ils possèdent les qualités qu'il croit pouvoir en toute sûreté leur attribuer.

134. — PUGET, coiffeur, fabricant breveté de peignes pour dames, à Paris, rue des Francs-Bourgeois, n. 25, au Marais.

Les *peignes* de son invention ont l'avantage de permettre aux dames de se coiffer elles-mêmes en une seule leçon aussi bien que si un artiste y avait contribué, et surtout sans avoir besoin d'employer aucune épingle noire.

Il vient d'obtenir un nouveau brevet pour des peignes de nouvelle forme, soit en écaille, soit en buffle, qui ont l'avantage d'entrer plus facilement dans la chevelure, et de faire des coiffures très basses et très plates. Une femme de chambre peut, en une seule leçon, apprendre cinq ou six coiffures différentes, et bien plus promptement faites qu'avec des épingles. Ces peignes ont en outre un avantage qui est incontestable, c'est de soutenir la calotte des chapeaux des dames, parce que le peigne, se trouvant couvert par les cheveux, forme un véritable appui.

M. Puget donne des leçons de 7 à 9 heures du matin, ou de midi à 2 heures.

Le prix est de 3 fr. par leçon, y compris le peigne.

Mme Puget démontre sur sa tête la manière facile de se coiffer, et se transporte chez les personnes qui veulent bien l'honorer de leur confiance.

135. — JURISCH, fabricant de SEMELLES MOBILES et IMPERMÉABLES, à Paris, rue du Rocher, n. 8.

Pour faire améliorer les chaussures, M. Jurisch a imaginé des *semelles mobiles* et *imperméables* qui ont pour avantages, a dit M. le docteur Herpin dans un rapport à la Société d'encouragement,

1° D'augmenter la durée des chaussures, et d'éviter les ressemelages cousus, qui détériorent et coupent l'empeigne, et qui même ne peuvent avoir lieu pour les chaussures corioclaves ;

2° De coûter beaucoup moins que les ressemelages ordinaires ;

3° Enfin de conserver et de maintenir en bon état la semelle et la couture ;

4° Par conséquent de garantir les pieds contre l'humidité et de prévenir l'infiltration de l'eau dans l'intérieur des chaussures, cause de beaucoup d'infirmités et de maladies graves.

On applique ces semelles sur les chaussures, à Paris, chez MM. Montigny, 212, rue Saint-Martin ; Guinet jeune, 3, rue et terrasse Vivienne ; Becquet, 52, rue Saint-Denis ; Fargue, 6, rue J.-J. Rousseau ; Guinet aîné, 263, rue Saint-Denis ; Posch, 9, rue Racine ; Modot, 33, passage Choiseul ; Havard, 7, rue Tiquetonne.

136. — BARRÉ, fondeur, et fabricant breveté de FONTE MALLÉABLE, à Paris, rue Ménilmontant, n. 50.

Parmi les produits qui figuraient à l'exposition nationale de 1839, la *fonte malléable*, a dit le rapport du jury de cette exposition, a été l'un des plus remarqués.

Une malléabilité égale à celle du fer doux est son caractère dominant ; elle se plie en tous sens, s'étend parfaitement à froid sous le marteau.

A chaud, elle se forge aussi facilement que le meilleur fer, et, refroidie, elle conserve sa malléabilité.

Sa ténacité est suffisante pour qu'elle soit employée à la place du fer dans un grand nombre de cas, comme pour *montures de scies, clefs de serrure, vis* et *balanciers*.

On peut aussi la souder avec elle-même comme le meilleur fer.

Ces qualités rendent cette fonte propre à une multitude d'emplois.

Ainsi cette fonte affinée, a dit également M. Odolant-Desnos, ingénieur civil des mines, dans un rapport qu'il a lu à l'Académie de l'industrie, peut servir et sert en effet à fabriquer

Une partie de cette masse énorme de boulons et d'écrous que l'on consomme chaque jour à Paris;

Les palastres unis et à bas-reliefs, et la plupart des pièces de l'intérieur des serrures;

Les roues d'engrenage et une foule de pièces de grosse et petite mécanique;

Les compas de menuisier à pointes dures, leurs ciseaux et fermoirs, les limes grosses et les demi-fines, les marteaux de porte et objets d'art devant être ciselés, les clefs à pannetons pleins, les fiches, les couverts en fer étamé, et beaucoup d'autres articles de quincaillerie propres à être rajustés ou retouchés;

Les ciseaux, les sécateurs, ainsi que plusieurs articles de grosse coutellerie;

Les mors de brides, les garnitures de voitures, et tous les articles de sellerie qui sont en fer poli ou étamé;

Les tonnerres, les chiens, les sous-gardes, et diverses autres pièces dont la fabrication coûte fort cher à nos armuriers;

Enfin on peut fabriquer avec cette fonte une foule d'articles, se prêtant à tous les besoins, comme on pourrait le faire avec la fonte douce, le fer ou l'acier.

Aussi M. Barré expose une très grande variété d'objets dont la qualité est fort bonne.

137. — ROGEZ, facteur de PIANOS, à Paris, rue de Seine-Saint-Germain, n. 32.

Se livre avec un tel succès à la fabrication des *pianinos* dont le clavier est à bascule et se relève comme le tablier d'un secrétaire, qu'il a été jugé digne d'une mention honorable à l'exposition nationale de 1839.

Ces pianinos, dont un se trouve exposé, occupent fort peu de place, et rendent pourtant une masse de sons tout aussi forts qu'un bon piano carré, ce qui tient aux soins assidus qu'il ne cesse d'apporter lui-même à la confection de ces instruments.

138. — VOLLHABER, fabricant breveté de PERSIENNES MÉCANIQUES s'ouvrant et se fermant intérieurement sans ouvrir les croisées, à Paris, rue Coquenard, n. 50.

Ce procédé offre les avantages de pouvoir être employé pour les croisées de cages d'escaliers masquées intérieurement par des limons ou des paliers, et pour les croisées dormantes, comme celles à l'italienne et à glaces.

Sous le rapport de la sécurité et du confortable, ce procédé est d'une utilité incontestable, puisque pour les manœuvrer l'on n'a plus besoin de laisser entrer de l'air froid dans les appartements.

Leur application peut avoir lieu sans altérer en rien la décoration extérieure des édifices.

139. — LEMARCHANT, fabricant de TOURS et OUTILS, à Paris, rue des Gravilliers, n. 27.

Les outils de tour et les tours eux-mêmes que construit M. Lemarchand, a dit le rapport du jury de l'exposition nationale de 1839, sont d'une bonne construction. Les services qu'il rend à l'industrie sont proportionnés au débit que ses produits trouvent dans le commerce, et ce débit est en progression constante. La juste réputation dont jouit ce fabricant sera récompensée par une médaille en bronze.

Aujourd'hui M. Lemarchand expose encore de nouveaux produits, savoir :

Des *roues en fonte* et à gorge pour tours faites avec un soin et une économie qui permettent de les livrer à très bas prix ;

Des *auges de meule en fonte* qui peuvent être vendues le même prix que des auges en bois, quoique leur étant bien préférables, puisqu'elles sont beaucoup plus solides et d'une bien plus grande durée.

140. — CARPENTIER, fabricant de LETTRES EN RELIEF, à Paris, rue de Cléry, n. 83.

Les affiches sont devenues, à Paris, non seulement un luxe, mais un attrait puissant, et même un besoin. D'abord la peinture modeste a fait ses lettres en couleur ombrée, puis en or, et a vu lui succéder les lettres en relief découpées en bois, puis faites en terre, et enfin aujourd'hui M. Carpentier offre au public des lettres en relief en zinc, beaucoup plus solides et d'un prix peu élevé.

141. LEPAUL, serrurier-mécanicien, fabricant breveté de COFFRES-FORTS et de SERRURES, à Paris, rue de la Paix, n. 2.

Il fabrique et expose des *caisses coffres-forts* garnies de clous trempés de son invention, avec serrure à pompe,

goujon perfectionné, combinaison à 3, 4, 5, 6, 7 et 8 ron-
delles à 25 lettres chacune, se changeant à volonté et sans
point d'appui, ou avec un seul bouton à cinq divisions adapté à la serrure sans clef, se changeant sur 9,765,625 mots;
la même à six divisions et de 244,140,625 mots. Le prix de
ces caisses bien confectionnées est de 180 à 4,000 fr.

Des *serrures* de six pouces, en cuivre poli, à double pompe, à goujon perfectionné, l'entrée ou culot en fer trempé, et petites clefs, de 30 fr. au lieu de 80 fr.; celles de
cinq pouces et demi, du prix de 28 fr. au lieu de 70 fr. ;
et celles de cinq pouces, du prix de 26 fr. au lieu de 60 fr.

Ces serrures sont faites par un procédé mécanique, avec
beaucoup de précision, de la plus grande sûreté, et garanties incrochetables; les culots d'entrée sont en fer trempé, ce qui les garantit de l'ouverture par la fraise.

Il peut faire cent cinquante mille clefs différentes pour
l'ouverture et de la même grandeur; l'on peut en fabriquer
cent par semaine toutes moirées : ce frisé ou moiré en
rond que l'on voit sur le fer, le cuivre, comme caisses ou
serrures, etc., est de son invention.

Des *serrures à petite pompe nouvelle*, de son invention
et brevetées, très petite clef, de 28 fr. au lieu de 60 fr.

Des *serrures à six gorges mobiles*, garniture à gradin
perfectionnée, à l'abri des crochets à coulisses, à deux
boutons, de 25 fr. au lieu de 60 fr.; et, à un bouton, de
23 fr. au lieu de 55 fr.

Des *serrures à combinaison* sans clef, de son invention
et brevetées, à un seul bouton, à coulisse, à 3, 4, 5 et 6 divisions, garanties incrochetables, soit avec des crochets ou
autres outils, et même en cassant le bouton, du prix de
35, 40, 45 et 50 fr., au lieu de 150 à 200 fr.

Les mêmes en verroux, à un pêne et bouton, du prix de
25 à 35 fr.

Des *verroux à pompes*, à goujon perfectionné, du prix de
25 à 28 fr.

Cache-entrée à pompe, avec cadenas, à combinaison , et
autres, de 5 à 20 fr.

**142. — PAILLETTE, fabricant de SOUFFLETS,
à Paris, rue de la Montagne-Sainte-Geneviève,
n. 52.**

Les *soufflets carrés* à vent continu et à piston exposés par
M. Paillette lui ont valu, comme inventeur, un brevet
d'invention, une médaille de bronze d'encouragement,
une médaille d'honneur en argent, une mention honorable
à l'exposition de 1839, et de nombreux certificats, ainsi que
l'approbation de tous les chefs d'établissement qui les em-

ploient avec succès. Ils se vendent à 30 pour 100 moins
cher que les soufflets anciens employés à faire les mêmes
ouvrages.

**143. — KAEPPELIN, imprimeur LITHOGRAPHE,
quai Voltaire, 15, et rue du Croissant, n. 20, à
Paris.**

Expose des *cadres* contenant des impressions obtenues
par les procédés zincographiques et lithographiques. Son
exposition se distingue par des produits de spécialités qui
lui sont propres, savoir :
Des *dessins au crayon* imprimés sur planche de zinc en
remplacement de pierres lithographiques;
Des *gravures sur cuivre* reportées sur pierre et sur zinc;
des impressions en plusieurs teintes et couleurs, etc., etc.

**144. — DELICOURT, fabricant de PAPIERS
PEINTS, à Paris, rue de Charenton, n. 125 ter.**

Cette fabrique, qui ne vend pas au détail, se distingue par
la beauté de ses papiers, qui imitent fidèlement les étoffes
les plus riches, les bois naturels ou incrustés, les grisailles
les plus vraies, et les peintures les plus parfaites. On est
toujours étonné de l'effet admirable que cette maison obtient quand on connaît les moyens imparfaits que l'on est
encore obligé d'employer pour arriver à un tel résultat.
M. Delicourt expose un *panneau* couvert de plusieurs
échantillons de ses papiers les plus riches et les plus nouveaux.

**145. — DELAGE, directeur de la VERRERIE
ROYALE de Folembray, canton de Coucy-le-Châ-
teau, département de l'Aisne.**

L'art du verrier s'améliore chaque jour en France d'une
manière surprenante : car, tout en restant soumis à d'anciennes habitudes, il perfectionne cependant sa matière
suivant les règles de la chimie, et perfectionne ses moyens
de travail par l'adoption de machines ou de procédés nouveaux.
La verrerie royale de Folembray, qui est l'une des plus
anciennes de France, suit cette marche progressive.
Aujourd'hui elle est au nombre des plus considéra-
bles.
Elle fabrique annuellement plus de trois millions de bouteilles, et cent mille cloches à jardins.
Plus de 700 personnes et 170 chevaux sont constamment

employés au service de cette usine, qui procure du travail et l'aisance à la population des six communes qui l'avoisinent.

Plus de 2,000,400 bouteilles sont fabriquées pour les vins mousseux, et livrées aux premières maisons de la Champagne, telles que celles de MM. Noël-Chaudon, d'Epernay; Ruinart de Brimont, de Reims; Jacquessons, de Châlons; de Montebello, de Mareuil-sur Ay, etc., etc.

Le surplus est affecté aux besoins de Paris, Rouen, Bordeaux et la province.

La forme de la bouteille, la solidité et la couleur du verre, jouissent d'une réputation distinguée parmi le haut commerce de la Champagne.

Anciennement, le fond extérieur de la bouteille contenait des fragments angulaires de verre, qui blessaient les ouvriers lors du travail des vins. Cet inconvénient a été corrigé, et la verrerie de Folembray a été sinon la première, mais au moins l'une des premières, à faire disparaître ce défaut.

Depuis deux ans, une amélioration a encore été introduite dans la fabrication en formant un bouton au milieu de la bouteille, et en lui donnant une meilleure répartition du verre. La fonderie royale de Folembray a encore été l'une des premières à pratiquer et à répandre ce perfectionnement, dont le commerce apprécie les heureux résultats.

En 1835, et au concours, une grande médaille d'or a été décernée à cette verrerie par la Société d'encouragement pour l'industrie nationale;

Et, lors de l'exposition des produits de l'industrie en 1839, elle a obtenu aussi une médaille.

146. —DALGER, GRAVEUR, à Paris, rue Ferou, n. 24, faubourg Saint-Germain.

Se livre depuis quelque temps à un nouveau genre de gravure que l'on pourrait appeler *gravure à effet;* elle est faite sur acier, avec incrustation au marteau et au burin. C'est un genre propre à orner les tabatières, portefeuilles, médaillons et autres objets de fantaisie. Il se charge aussi de la gravure sur bois pour le commerce, ainsi que des dessins.

Il expose gravés à effet : Portrait de la Reine des Français. — La Sainte-Vierge avec l'Enfant Jésus, d'après Raphaël. — Portrait de Napoléon. — Portrait du prince de Talleyrand. — Portrait de Vauquelin, célèbre chimiste. — Une plaque d'ornement. — Une bataille de cuirassiers du temps d'Henri IV. — Une petite chasse au cerf. — Une autre au faisan. — Un autre portrait de Napoléon en profil.

147. — MARION, papetier, fabricant de PAPIERS DE LUXE, à Paris, cité Bergère, n. 14.

La grande extension donnée en France à notre papeterie de luxe a puissamment contribué à entretenir, même à étendre nos relations commerciales à l'extérieur. Ainsi que nous avons eu occasion de le dire, cette branche importante, à la prospérité de laquelle s'associent tant d'artistes distingués, tant d'ouvriers habiles, occupe aujourd'hui un premier rang dans l'industrie française. On n'ignore plus quels sont les hommes spéciaux qui se sont livrés constamment à perfectionner et à enrichir la nouvelle papeterie; nous avons eu l'occasion de reconnaître que dans ce champ cultivé désormais avec tant de persévérance et de soin, M. Marion avait jeté les plus utiles germes, et qu'il lui appartient, presqu'à titre de suzerain, la plus ample moisson de progrès. Si la papeterie est devenue si coquette, si belle, si riche, c'est parce qu'exclusivement occupé d'elle, M. Marion a voulu qu'elle s'associe aux somptuosités du grand monde, et, pour lui donner sa robe de cour, l'ingénieux costumier n'a rien épargné. Sous les châssis alignés dans les magasins de la cité Bergère considérez ces papiers de luxe à paysage, à fleurs, à chiffres, remarquez le travail de chacune de ces jolies miniatures, leur exécution, leur exactitude, leur coloris.

Assurément chacun de ces médaillons, étalés ailleurs qu'à Paris, où on est convenu de ne plus s'étonner de rien, serait l'objet de la surprise et de l'admiration. En visitant ces charmants musées qui portent modestement dans le commerce le nom de *papeterie*, on trouve tant de petits chefs-d'œuvre éparpillés comme de riches couleurs sur la palette d'un peintre, qu'on est tout à coup muet pour admirer, et embarrassé pour choisir. C'est que tous ces ouvrages, qui sont là pour rivaliser d'intérêt, portent chacun l'empreinte d'un siècle éminemment industriel, et que tous ces charmants enfants de l'intelligence sont destinés à satisfaire les goûts et les caprices de l'époque. Pour arriver au progrès, il a fallu exciter l'émulation d'un grand nombre d'ouvriers; pour faire d'aussi joli papier, de si belle peinture, on a dû recourir à des supériorités qui ne se trouvent pas partout. Mais la volonté d'un homme qui embrasse une spécialité avec autant de conviction doit opérer des prodiges. Parcourez une de ces fabriques créées sous de semblables influences, et vous pourrez avoir une juste idée de leur avenir; voyez, dans les ateliers de la papeterie de luxe de M. Marion, tous ces travailleurs partagés en groupes, occupés différemment des mille accessoires dont se composent les innombrables fantaisies des papiers nouveaux. Examinez comment toutes ces combinaisons ingénieuses s'entr'aident à la fois : ici une machine rugit sous les mains qui l'excitent afin de communiquer au papier une autre finesse ; là , c'est un mécanisme qui lui applique les compartiments légers de la dentelle ; là bas on apprête, plus loin on distribue ; d'un côté on estampe, de l'autre on grave les chiffres ; là haut sont les dessinateurs , les graveurs , les peintres ; c'est de là haut que viennent ces paysages si frais , ces fleurs si vives, dont Redouté et Lucy de Beaurepaire seront bientôt jaloux. Tant de soins, d'émulation, d'activité , enfantent, sous les regards du maître , des perfectionnements qui lui révèlent souvent une invention nouvelle et dont il s'empresse toujours de doter les papeteries.

C'est ainsi que le papier à *reflets prismatiques*, que les journaux nous annoncent depuis un mois, a été imaginé par M. Marion. Ce papier, dont les nombreuses nuances imitent la robe de l'arc-en-ciel, a non seulement l'avantage d'être une nouveauté luxueuse, mais il repose agréablement la vue , et doit , par la nombreuse variété de ses couleurs, lutter contre la monotonie du style. Et ne croyez pas que ce prisme ne soit très favorable à rafraîchir l'imagination ; ainsi quand la plume aura traversé l'azur pour arriver à l'aurore, les pensées devront se ressentir de la couleur et changer ainsi tout à coup pour donner à l'esprit une tournure pittoresque. Et puis nos savants ne disent-ils pas que le prisme habille l'imagination ? En résumé , le *papier prismatique* est une ingénieuse création , dont l'inventeur a voulu enrichir le monde élégant ; désormais il n'est point de limites qui bornent l'avenir de la papeterie, alors que de semblables efforts seront couronnés d'une si parfaite réussite. Il ne suffit pas seulement aujourd'hui à nos inventeurs d'être productifs et merveilleux pour nous. Il leur faut aussi travailler à répandre les bienfaits de leurs découvertes dans le monde, afin d'universaliser ces jouissances domestiques. Non seulement le pays y trouve de nouveaux titres qui justifient chez nos voisins notre supériorité dans les arts utiles ; mais le commerce étend ses heureuses ramifications pour entretenir au loin nos relations et notre crédit.

M. Marion expose de nombreux échantillons de ses papiers de luxe, *à reflets prismatiques*, *à emblèmes* , et divers autres ornés de fort jolies peintures.

148. — TEXIER, sculpteur, fabricant de CARTON-PIERRE , à Paris, rue Sainte-Marie-Blanche , n. 1, à Montmartre, près la barrière Blanche.

L'excellente qualité des *pierres factices* de M. Texier leur fait chaque jour obtenir un nouveau succès. On peut,

en examinant le groupe des trois Grâces qu'il expose, s'assurer du fini et de la perfection qu'il peut donner à ses
produits.

149. — CHARROY, artificier du roi, inventeur
breveté des BOMBES ET FUSÉES A PARACHUTES, à Paris, à la Chapelle Saint-Denis, grande rue, n. 133.

Honoré de deux médailles et admis aux expositions de
1834 et 1839, fabrique des feux d'artifice dont l'effet est
perfectionné par l'invention de ses fusées et bombes à parachute.

Voici le certificat des expériences de jour et de nuit des
bombes à parachute exécutées par M. Charroy, au château
d'Eu, en présence de Sa Majesté :

« Je certifie que M. Charroy, artificier, fournisseur de la
ville de Paris, a réclamé la faveur de faire devant le roi,
pendant le séjour que S. M. a fait au château d'Eu en
septembre 1838, l'expérience de *bombes à parachute* dont
il se dit l'inventeur, et que cette expérience a été faite
avec succès et à la satisfaction du roi, qui a permis qu'il
en soit donné témoignage à M. Charroy.

Tuileries, le 10 janvier 1839,

Le général aide-de-camp du roi,
Signé Baron ATHALIN. »

150. — DIER, tailleur, REMETTANT A NEUF *les
vieux habits*, à Paris, rue Saint-Honoré, n. 129,
et aux Batignolles.

Une longue expérience a démontré la bonté des procédés que M. Dier emploie pour rendre aux draps long-temps
portés leur apprêt et leur couleur primitive, et les personnages les plus éminents et les plus opulents ne dédaignent
pas de faire un fréquent usage de son industrie pour maintenir leurs vêtements dans la fraîcheur de la nouveauté,
malgré l'usage et les taches accidentelles qu'ils peuvent recevoir. Si cette industrie est devenue nécessaire aux classes les plus riches, elle est indispensable aux classes
moyennes. C'est surtout sous ce point de vue qu'à l'exposition des produits de l'industrie en 1839, M. Dier a obtenu la seule médaille décernée pour cet objet par le jury
central, et que la Société d'encouragement pour l'industrie nationale l'a jugé digne de sa médaille d'argent.

M. le ministre de l'agriculture, des travaux publics et
du commerce, a apprécié par lui-même le mérite de son
invention ; il la regarde comme très remarquable, et en a
témoigné à l'auteur toute sa satisfaction.

151. — LEMOINE, inventeur breveté d'armes, à Noyon, rue d'Orroire, département de l'Oise.

Le principe de son système s'étend depuis le fusil du petit calibre jusqu'au canon le plus gros, et donne des avantages immenses sur tous ceux connus jusqu'à ce jour. Des mémoires que l'inventeur vend et fait vendre démontrent les causes de ces grands effets; ils sont étonnants, et même incroyables, si ses essais n'avaient pas été faits publiquement à Amiens et à Noyon.

Ces armes ont un mécanisme simple et solide, qui n'a pas besoin d'être nettoyé; il peut durer trente ans, et n'avoir pas besoin de réparation. Ces fusils sont légers, faciles à amorcer, se chargent au demi, même au tiers du fusil ordinaire, donnent plus de portée, et ne repoussent pas. Dans ces fusils, on fait serrer et écarter le plomb à volonté; l'arme ne crasse pas, n'est pas susceptible de crever, ne donne pas d'éclats de capsule, tire plus juste que les autres fusils, rate moins, et ne craint pas la pluie. Ces fusils se chargent de plusieurs manières : 1º comme le fusil ordinaire ; 2º avec cartouches en papier, que le chasseur peut faire lui-même; 3º avec cartouches en métal, lequelles contiennent le plomb et la poudre; on met le tout dans l'arme; cette cartouche admet très peu de poudre, et donne une grande portée.

Les amateurs qui désireront des canardières se chargeant avec peu de poudre, donnant de grandes portées (en donnant des arrhes), on leur en fera construire qui porteront depuis un once jusqu'à une livre de plomb, lequel serrera, écartera à volonté, comme dans les fusils de chasse.

Les amorçoirs que l'inventeur de ces armes vend et fait vendre sont d'une perfection au delà de laquelle on ne peut aller. L'irrégularité de la capsule, qui empêchait le perfectionnement de cet instrument, a été vaincue par lui; son amorçoir ne laisse rien à désirer. Les amateurs en jugeront par l'usage qu'ils en feront.

Les fusils de ce système se fabriquent et se vendent, à Paris, chez MM. Gauchez, quai Napoléon, n. 15 ; Roland, barrière Montparnasse, n. 33; Le Faure, boulevart Poissonnière ; Caron, passage de l'Opéra.

Les fusils, amorçoirs et mémoires, sont en dépôt chez M. Rémé, mécanicien, rue Beaubourg, n. 13.

On trouve à Noyon, chez l'inventeur du système, tous les objets ci-dessus mentionnés.

Mme Goullet, galerie d'Orléans, n. 7, vend aussi ses mémoires.

152. — PAUBLANC, serrurier-mécanicien, fabricant de COFFRES-FORTS, et de SERRURES A COMBINAISONS, à Paris, rue Saint-Honoré, n. 366.

Il expose un *coffre-fort* avec une serrure à combinaisons exemptedu danger du tact et dont les indications fournie, par la résistance du pêne et du va-et-vient sont tellement atténuées, qu'il en résulte une ressource fort importante pour l'art du serrurier. Aussi, quoique ce mécanisme ne fût encore qu'indiqué à l'époque de l'exposition nationale de 1839, il lui valut déjà une mention honorable.

153. — LANGEVIN, bijoutier, à Paris, rue Jean-Robert, n. 19.

Ce fabricant, auquel le jury de l'exposition nationale de 1839 a décerné une médaille, se livre particulièrement à la fabrication de la bijouterie en *filigranes dorés.* La promptitude de ses moyens d'exécution le met à même de livrer ses produits à des prix très modérés ; aussi en vend-il annuellement pour plus de deux cent mille francs.

154. — POTTIER, gaînier, à Paris, rue Saint-Martin, n. 254.

Ayant obtenu des mentions honorables à la Société d'encouragement et à l'Athénée des arts.

Expose des cuirs à rasoirs en *feutres-tissus* et de la *pâte* ayant l'avantage de remettre en état les rasoirs les plus fatigués. De plus, il expose des nécessaires de voyage et divers objets de gaînerie.

155. — GÉNEVOIS, fabricant d'ÉTOFFES ET TISSUS EN CRIN, à Paris, rue du Grenier-Saint-Lazare, n. 5.

M. Génevois, qui a obtenu à l'exposition nationale de 1839 la médaille de bronze pour l'invention des étoffes damassées, vient de découvrir un procédé par lequel on peut fabriquer des galons et lézardes en crin, avec dessins damassés aussi souples et aussi brillants que la soie. Ces galons sont employés pour la garniture des meubles en crins, et par cette raison présentent un réel avantage, puisqu'ils ont la même durée que le meuble, étant de la même matière. Les prix présentent une grande différence en moins sur ceux de soie. Il confectionne aussi des cabas de diverses manières, et leur travail ainsi que leurs couleurs ont atteint le plus haut degré de perfection.

156. — ROBERT, ingénieur-mécanicien, inventeur de l'ÉCLAIRAGE-ROBERT, pour remplacer le gaz, à Paris, rue Poissonnière, n. 17 et 18, et rue Beauregard, n. 1.

L'éclairage-Robert a obtenu à l'exposition nationale de 1839 la plus haute récompense accordée pour l'éclairage. (Voir le rapport officiel du jury, vol. 2, page 296.)

Il s'applique aux établissements les plus vastes et les plus somptueux, aux plus grandes fabriques, comme aux habitations et aux ateliers les plus modestes.

Un réservoir peu volumineux, placé au dessus ou au dessous des becs, fait circuler la lumière comme le gaz à tous les étages d'une maison ou à un seul bec, selon le besoin. Tous les becs, même ceux qui descendent des plafonds, sont exempts de godets; l'huile qui en découle, après avoir alimenté la flamme, retourne sans cesse au réservoir commun. Les becs sont fixes ou mobiles selon le besoin et reçoivent les formes les plus gracieuses.

Les frais de premier établissement sont peu coûteux. Il y a économie dans l'entretien, la dépense et le service journaliers. La lumière est la plus belle et la plus économique, sans aucun danger, sans odeur et sans fumée. L'huile ne pénètre plus dans les appartements; mise dans le réservoir pour un mois et même pour un an, elle ne peut être ni répandue ni détournée; elle est employée sans aucune perte et sans le service sale et ennuyeux des lampes. Exempt du joug de toute administration, on éteint et on allume quand il plaît; on ne paie que l'huile qu'on brûle, et on règle sa dépense comme on veut en donnant peu ou beaucoup de lumière.

Une expérience pratique de 4 années est acquise à ce système d'une solidité et d'une durée parfaites. Il éclaire plus de 40 grands établissements de Paris et de la province, notamment le beau café Foy, boulevard des Italiens, n° 28, et les beaux salons de Tortoni.

Des lampes portatives de toutes formes et pour tous les usages sont aussi établies d'après ce système à des prix moins élevés que les autres lampes du commerce. Comme les grands appareils, elles sont exemptes de mouvements d'horlogerie, de rouages, de ressorts, de cuirs, de bouchons à air, en un mot de toutes pièces fragiles et de précision. Elles ne contiennent pas d'autre liquide que l'huile, le service s'en fait sans les renverser, sans entonnoir et sans aucuns godets.

Les ateliers et les magasins, présentement impasse de la Boule-Rouge, n° 4, vont être transférés pour agrandisse-

ment rue Poissonnière, n°ˢ 17 et 18, et rue Beauregard, n° 1.
Tous les objets sont vendus avec garantie.

157. — NÉZOT, layetier-emballeur, fabricant de BOITES POUR MODES, à Paris, rue Neuve-Saint-Augustin, n. 34.

Fabrique et expose des *boîtes-cartons ovales et rondes* en bois pour modes. Elles ont été mentionnées honorablement par le jury en 1839. Il fabrique aussi toute espèce de boîtes carrées pour robes et modes. Il se charge de faire les emballages, en garantissant la plus grande sûreté.

158. — LAURENT, serrurier en bâtiments, à Paris, rue d'Antin, n. 6.

Fabrique et expose des *espagnolettes* dites *à la française*, pour lesquelles il a pris un brevet d'invention et de perfectionnement. Ce nouveau système de fermeture, non apparent, et n'ayant jamais besoin d'aucune réparation, s'applique sur les nouvelles et les anciennes croisées, et ne peut endommager les draperies comme les espagnolettes ordinaires ; de plus, elles s'ouvrent et se ferment avec la plus grande facilité.

159. — BON, joaillier-bijoutier, fabricant de STRASS, à Paris, rue Vaucanson, n. 4.

Fabrique et expose divers objets montés avec des pierres fausses imitant le diamant ou autres pierres fines. Ses imitations, qui lui ont valu une médaille d'argent à l'exposition nationale de 1839, se font particulièrement remarquer par la pureté, la limpidité, la taille des pierres, et par l'élégance des montures.

160. — GRAUX, successeur de JACQUINET, fabricant breveté de CHEMINÉES à foyer mobile, à Paris, rue Grange-Batelière, n. 18 et 20.

Continue à se livrer, comme son prédécesseur, à la fabrication et expose des *cheminées et appareils à foyer mobile* à tiroir offrant le précieux avantage de pouvoir à volonté avancer ou reculer le foyer, ce qui permet d'augmenter avec économie la chaleur ou de la diminuer au besoin. Ces cheminées, armées d'un régulateur, sont disposées de manière à garantir de toute fumée et de tout incendie ; et l'objet spécial de ce régulateur est de ralentir ou hâter la combustion, de s'opposer à la perte du calorique, et d'intercepter tout courant d'air en cas d'incendie. Ces cheminées et appareils, d'une durée illimitée, sont en fonte, tôle et cuivre, et susceptibles de tous les ornements désirables; elles sont portatives, peuvent être tournantes pour chauffer plusieurs pièces l'une après l'autre, et n'apportent aucun obstacle au ramonage.

161. — D. FÉVRE, fabricant de POUDRES GAZEUSES, admis à l'exposition nationale de 1839, à Paris, rue Saint-Honoré, 398, au premier.

Expose de la *poudre de Seltz*, de la poudre pour *limonade gazeuse*, pour *vin de Champagne, à un sou la bouteille*. La poudre de Seltz ne sert pas seulement à faire à l'instant une boisson agréable et hygiénique; les nombreuses expériences de Falconer, de Mascagny, de l'évêque de Landoff, ont constaté depuis long-temps son efficacité pour rétablir les fonctions de l'estomac, prévenir les aigreurs, les indigestions, et décomposer la gravelle. Il était donc utile d'en propager l'usage, en l'établissant tout de suite au plus bas prix possible. M. Fèvre a déjà trouvé une première récompense de ses efforts dans son admission à l'exposition de 1839, où ce produit a attiré l'attention générale, et particulièrement celle du roi, qui en a *demandé* pour lui-même, comprenant bien qu'un objet utile, à la portée de tout le monde, méritait autant d'encouragement que tel chef-d'œuvre fait exprès pour l'exposition, et que son prix trop élevé ne laisse accessible qu'à un petit nombre de personnes. Les savants, les médecins et la classe riche, font généralement usage de la poudre de Seltz; la classe moyenne commence aussi à l'employer, malgré son préjugé contre le bon marché. La poudre de Seltz rendra surtout un grand service à la santé publique dans tous les pays où l'eau malsaine engendre chaque année des fièvres et autres maladies. Les *sirops en poudre*, si commodes en voyage, à la campagne, sur mer, ont l'avantage de fondre aussi vite que le sucre ordinaire. Le kilogramme, 5 fr.

L'Annuaire des eaux minérales pour 1840 donne l'analyse et les propriétés médicales de chaque eau. Il renferme en outre une foule de tables d'un usage journalier et de notices curieuses, une, entre autres, sur les puits artésiens. Personne n'était plus à même de créer cet annuaire que M. Longchamp, qui est voué depuis vingt ans à l'étude des eaux minérales, a fait un long séjour dans les principaux établissements, et a été chargé par le gouvernement de l'analyse des eaux minérales du royaume.

Prix : 2 francs.

162. — JAMINET-CORNET, breveté, fabricant

de FONTAINES POLYFILTRES, à Paris, rue du Four-Saint-Germain, n. 26.

Fabrique et expose des *appareils polyfiltres portatifs*, montés dans un tonneau, dans un baquet ou dans un seau ;

Des *fontaines octogones* montées sans fer, à quatre poly-filtres, pour comparer les eaux de rivières, de canaux, d'égoûts et de pluies ;

Des *fontaines sans fer ;*

D'autres en *marbre*, modèle de pendules ;

Des *bidons* avec appareil portatif se démontant ;

Et plusieurs *appareils portatifs* donnant depuis dix litres d'eau à l'heure jusqu'à cinquante et au dessus, pouvant se monter dans un *baquet, tonneau* ou *seau.*

Du prix de 6, 8, 10, 12 fr., etc.

163. — GUITTON, épicier, fabricant breveté de CIRAGE, à Paris, aux *Quatre couleurs*, rue des Vieux-Augustins, n. 58, fournisseur de la maison du roi.

Expose 1° du cirage pour chaussures, 2° du cirage sans acide pour harnais, 3° du cirage-vernis également sans acide.

Ce cirage, qui a obtenu une mention honorable à l'exposition de 1839, est fabriqué à l'huile et à l'esprit de vin et convient parfaitement pour la conservation des chaussures.

164. — SIMON, naturaliste, à Paris, rue de Tournon, n. 5.

La taxidermie est toujours pratiquée avec un grand succès par M. Simon, depuis long-temps avantageusement connu par tous les amateurs d'objets de zoologie pour le naturel et la vie qu'il sait donner aux animaux qu'il empaille.

Il expose un *grand-duc* avec ses ailes tendues, et un *groupe* représentant une perdrix avec ses petits.

165. — NEUBER, ingénieur-mécanicien, à Paris, rue Sainte-Avoie, n. 14.

L'on doit à ce mécanicien, qui a obtenu une mention honorable à l'exposition nationale de 1839, d'avoir inventé, tout en ayant pu en réduire les prix, des machines à graver les teintes, les ciels et les eaux, et toutes les lignes droites, parallèles ou croisées, sur pierres ou métaux, beaucoup plus parfaites que les anciennes et surtout bien plus exactes que celles que nos artistes font venir à grands frais de l'étranger.

Il expose un tableau contenant des exemples des résultats que l'on peut obtenir avec la machine à graver de son invention.

166. — MAINOT, fabricant de PEIGNES A TISSER, rue Saint-Gervais, n. 43, à Rouen, département de la Seine-Inférieure.

Ce fabricant, auquel le jury de l'exposition de 1839 décerna une médaille, se livre particulièrement à la confection des peignes, dont la bonne exécution est si importante pour nos fabricants de tissus, qui, naguères encore, pour les étoffes fines, étaient forcés de les faire venir de l'étranger.

167. — JAUME-SAINT-HILAIRE, BOTANISTE, à Paris, rue Furstemberg, n. 3.

Après de nombreux efforts, M. Jaume Saint-Hilaire est arrivé à prouver que la plante appelée *polygonum tinctorium* pouvait facilement et utilement se cultiver en France, et, pour mieux prouver encore qu'elle produit une matière bleue très riche en couleur, il expose une boîte contenant des échantillons d'étoffe de soie, laine et coton, teints en bleu avec l'indigo du *polygonum tinctorium*, plus un bocal contenant de l'indigo du polygonum en nature; à côté de cette boîte, un cadre contenant une figure en couleur du *polygonum*.

168. — SOEHNÉE frères, fabricants de VERNIS et *couleurs*, à Paris, rue Neuve-de-la-Fidélité, n. 22.

Ces fabricants, qui ont obtenu des médailles d'argent en 1834 à la Société des beaux-arts, et en 1839 à l'exposition nationale, sont les seuls à pouvoir fabriquer les vernis suivants, qu'ils exposent, et dont on trouve des dépôts dans toutes les capitales de l'Europe :
Vernis pour fixer les images du *Daguerréotype*, tel qu'il a été approuvé le 23 mars 1840 par l'Académie des sciences;
Nouveau vernis *à tableaux* et pour les aquarelles ;
Vernis blanc et brun pour le *cuir ;*
Vernis pour les *métaux* de toutes couleurs ;
Vernis pour les *bois ;*
Autre pour préserver les cadres en bois doré (important);
Encre *carmin extrafin ;*
Laques de *garance* diverses ;
Jaune *indien ;*
Jaune nouveau dit *Chrysocrome.*

169. — LESOUEF (Mme), fabricante de COLS et de CHEMISES, à Paris, rue Neuve-des-Petits-Champs, n. 13.

La fabrication des cols-cravates exige des soins que peu de personnes savent donner à cet article. Aussi Madame Lesouef, l'ayant compris, s'est appliquée surtout à leur donner ces mêmes soins, et c'est ainsi qu'elle par vient à les confectionner tellement solides et tellement souples, que les cols-cravates qui sortent de ses ateliers jouissent d'une supériorité incontestable.

170. — MENAN, fabricant d'ENCAUSTIQUE pour les parquets, et de compositions chimiques pour le NETTOYAGE des meubles, à Paris, rue Saint-Lazare, n. 70.

ENCAUSTIQUE en PÂTE

Fabrique et expose une *pâte lucidonique* pour nettoyer et donner en même temps de l'éclat aux meubles vernis et cirés en bois, pierre, marbre, laque, toile, cuir ou écaille. Ainsi, il convient très bien aux chaussures et harnais.

Il expose aussi une pâte appelée *Lucidone Menan* pour remplacer la cire quand on frotte les parquets et carreaux; et enfin son *encaustique en pâte* plus brillante et beaucoup plus douce à frotter que celle qui se vend habituellement.

Cette composition, compacte et d'une odeur agréable, s'applique après la mise en couleur et la levée des tapis. Elle offre l'avantage de pouvoir se transporter partout au besoin et de procurer promptement, dès qu'on le désire, une matière liquide pouvant être employée plus ou moins épaisse, et dont le demi-kilo., du prix de 2 francs, suffit pour faire 4 litres propres à couvrir 48 mètres de superficie. Voici ce que l'Académie de l'industrie en a dit dans un de ses rapports :

« Depuis un temps très reculé on se sert, après la mise en couleur des appartements, d'un encaustique liquide composé ordinairement de savon noir, de sel de tartre, de galipot et de cire. Cet encaustique a l'inconvénient de se décomposer par la chaleur ; d'être dur à frotter et de ne laisser aucun brillant après le frottage. Souvent aussi il s'enlève sous le pied. M. Menan vous a adressé un encaustique en pâte qu'il a composé en vue de remédier à ces divers inconvénients. Nous en avons fait l'application. Voici les avantages que cette composition nouvelle nous a paru offrir.

» Il ne s'altère ni à l'air ni à l'eau, peut facilement se délayer à l'aide de l'eau de rivière, et son application se fait avec la brosse, puis le brillant est obtenu sans peine. Cette composition est transportable sans embarras ; un kilogramme de cette pâte produit 8 litres de liquide, et son prix est plus modéré que celui de l'encaustique ordinaire.

» Tels sont, Messieurs, les avantages de cette composition, dont le secret nous a été confié ; ces avantages lui assurent une incontestable supériorité sur tous les encaustiques employés jusqu'à ce jour dans le même but. Le perfectionnement apporté dans la composition de ce nouvel encaustique doit mériter à M. Menan la bienveillance de l'Académie, et votre rapporteur conclut en le recommandant de nouveau à la commission des récompenses. »

(*Lu et adopté en séance du comité, le 27 mai* 1840.)

171. — FÉRAGUS, serrurier-mécanicien, inventeur breveté des CRÉMONES FRANÇAISES, constructeur du COMBLE EN FER du marché des Blancs-Manteaux, à Paris, rue de Breda, n. 27.

Le comble en fer exposé sous le n° 171 est le modèle de celui du marché des Blancs-Manteaux, exécuté par M. Féragus, sous les ordres du savant architecte M. Peyre. La justesse, la légèreté et l'élégance de ce comble, font espérer qu'une fois connu et apprécié, ce système se propagera rapidement et viendra rivaliser, en fait de solidité et d'économie, avec ces énormes combles en bois qui coûtent si cher, écrasent les murs par leur pesanteur et sont cause des plus graves incendies.

La construction de ce nouveau comble est digne en tout de l'habileté de M. Féragus, auquel on devait déjà l'invention des *crémones françaises*, et qui vient de perfectionner encore ce genre de fermeture, qu'il continue à fabriquer et à vendre en grand nombre, tant est vrai le succès mérité dont elles jouissent.

172. — VINCENT CHEVALIER, ingénieur-opticien breveté, à Paris, quai de l'Horloge, n. 69.

Expose une collection d'épreuves de photographie microscopique obtenues avec son microscope solaire achromatique perfectionné ; cette intéressante application du daguerréotype à la reproduction des corps les plus ténus, et souvent difficiles à bien apprécier au microscope composé, peut rendre des services à la science en reproduisant avec la plus stricte fidélité une foule de corps d'espèces diverses.

M. Vincent Chevalier, le premier, en a présenté à l'Académie des sciences plusieurs séries successives, qui ont obtenu son approbation : des cornets d'yeux de mouches, les globules du sang, l'acarus de la galle et d'autres insectes, des tranches de bois, des écailles, etc., obtenus en 15 secondes jusqu'à 90 secondes, et amplifiés depuis 200 fois jusqu'à 10,000 fois.

M. Vincent Chevalier promet dans quelque temps de montrer au public des épreuves analogues, mais d'un ordre différent.

On ne peut passer sous silence que M. Vincent Chevalier, chez qui il s'est fait de fort belles épreuves du daguerréotype, est l'opticien de M. Daguerre depuis plus de 15 ans, et qu'il est le premier qui exposa aux regards du public des épreuves redressées le 1ᵉʳ octobre 1839.

Au nombre des instruments sortis de sa fabrique figure une nouvelle boussole à lever des plans ; des équerres graphomètres à doubles verniers ; de petits sextants, dont un de poche, etc. ; plusieurs instruments de mathématiques, d'optique et de minéralogie, et un microscope achromatique, dont il est, comme on sait, le premier constructeur en France dès 1823.

173. — FANON, layetier-coffretier-emballeur, à Paris, rue Montmartre, n. 170 et 172, breveté du roi.

M. Fanon fabrique des champignons mécaniques servant à l'emballage des chapeaux de dames, et des boîtes de voyage fort bien distribuées pour la conservation des objets qu'on y dépose.

Il expose diverses boîtes, malles, et autres articles de voyage.

174. — AGARD, fabricant de JARDINIÈRES, à Paris, rue de l'Arcade, n. 56.

Le digne et savant président de la Société d'horticulture, M. le vicomte Héricart de Thury, a fait connaître pour la première fois quelle était la quantité immense de fleurs qui se consomme à Paris. Ce goût bien naturel ne fait que s'étendre chaque jour de plus en plus, et c'est pour faciliter aux amateurs de fleurs cette douce jouissance que M. Agard a imaginé les *jardinières à étagères* qu'il expose.

175. — BATTANDIER, sellier-harnacheur, breveté, à Paris, quai Voltaire, n. 3 bis.

Ayant obtenu une médaille à l'exposition de 1834.

Expose des guides de brides de nouvelle invention et divers

objets de voyage, tels que malles à soufflets, à portefeuilles et à
caves, malles anglaises, porte-manteaux en cuir, faits de
toute façon, étuis de chapeaux en cuir, valises et autres
sacs de nuit de toute manière, à ressorts de cuivre et à
serrure.

176. — EGROT, fabricant de CHAUDRONNERIE, à Paris, rue du Faubourg-Saint-Martin, n. 268.

Se livre particulièrement à la fabrication des appareils
distillatoires, dont l'effet est continu, et peut donner immédiatement, et sans avoir besoin de recommencer une nouvelle distillation, les esprits au degré de rectification dont
on a besoin.

Il expose, faute de place suffisante, un simple alambic,
genre d'appareil qu'il s'est mis depuis quelque temps à fabriquer sur une très grande échelle.

177. — BOQUET fils, fabricant breveté d'EN-CRIERS-POMPES, à Paris, rue de Richelieu, n. 1.

Quoi de plus indispensable pour le savant, le littérateur,
le simple écrivain, et, en un mot, pour tous ceux qui é-
crivent habituellement, qu'un bon encrier capable de conserver constamment à l'encre sa fluidité, sans être obligé
d'y ajouter à chaque instant de l'eau, qui en altère toujours
la composition chimique?

Cependant l'examen le plus superficiel suffit pour dé-
montrer que, dans nos provinces ainsi qu'à Paris, tous
les encriers dont on fait usage, même dans les administra-
tions publiques et les grands établissements, sont dans les
conditions les plus mauvaises pour atteindre le but qu'on
se propose.

L'*encrier-pompe*, au contraire, possède l'avantage positif
et incontestable de conserver l'encre parfaitement fluide
et sans lui permettre de faire le moindre dépôt : , car en
tournant à gauche ou à droite un bouton qui le couronne,
l'encre est mise en mouvement et arrive dans le cornet
ou rentre à volonté dans l'intérieur de l'encrier pour y res-
ter, pour ainsi dire, à l'abri du contact de l'air, et, par
conséquent, de toute évaporation.

Ce mécanisme, par sa simplicité, n'exige aucun soin ni
entretien, et a mérité à son auteur une médaille d'argent
et des rapports favorables de la Société d'encouragement et
de l'Académie de l'industrie.

Ce petit appareil, de l'invention de M. Boquet, a dit celle-ci dans son rapport, est des plus ingénieux ; il est élégant et commode, et n'exige presque aucun soin. L'encre
doit y être à peu près inaltérable. C'est une amélioration
véritablement remarquable que nous nous empressons de

recommander, surtout aux femmes et aux gens du grand monde, qui seront ainsi certains de trouver dans leur encrier, quand ils veulent s'en servir, l'encre fluide.

Cette recommandation a si bien été entendue et leur supériorité a si bien été prouvée par l'expérience, que des commandes ont été faites par le roi et sa famille à l'exposition nationale de 1839, où cet encrier, dont les prix sont assez modérés, a obtenu le plus grand et le plus juste succès.

178. — JEANNIN (André), fabricant de QUEUES DE BILLARD, à Paris, rue des Boucheries-Saint-Germain, n. 31.

Si le jeu de billard s'est propagé depuis quarante ans jusque dans le plus petit hameau, la fabrication des queues de billard a dû se perfectionner en raison même de ce besoin ; elle a de plus porté si loin le luxe dans cet article, que l'on voit l'ébénisterie la plus recherchée être mise à contribution pour concourir à leur ornement. On peut en avoir une idée en jetant un coup-d'œil sur les queues de billard exposées par M. Jeannin.

179. — LODDÉ, fabricant breveté de PLUMEAUX, à Paris, rue Neuve-Saint-Méry, n. 15.

Plumeaux économiques et d'exportation.

Cette innovation consiste dans la fabrication de plumes montées sur des tiges en baleine, et ce nouveau procédé donne la facilité d'obtenir toutes les dimensions nécessaires, ce qui fut impossible jusque alors en raison que la plume donne en nature beaucoup de petites longueurs, et nécessite à la vente des prix plus élevés dans les sortes moyennes, qui sont toujours très rares. Par ce nouveau moyen, M. Loddé a l'avantage d'offrir au commerce non seulement toutes les longueurs désirables, mais aussi une baisse de prix de 25 pour çent.

180. FICHTEMBERG, fabricant de CRAYONS, et imprimeur en relief et en couleurs, à Paris, rue de la Vieille-Monnaie, n. 17.

Ce fabricant, auquel l'Académie de l'industrie, la Société d'encouragement et plusieurs autres, ont décerné des médailles, expose des *crayons de mine de plomb naturelle* en cinq degrés de dureté ; des crayons de couleurs fines en *24 nuances* ; des crayons pour *dessiner la lithographie*, et enfin des papiers *imprimés en relief* avec huit ou dix couleurs à la fois.

181. — ÉTIÉVANT, fabricant de chaussures imperméables, à Paris, rue de Richelieu, n. 46.

Expose des *chaussures* dont la perfection et les bons effets lui ont mérité une mention honorable à l'exposition de 1839.

Au moyen du *procédé* du sieur Etiévant, les chaussures d'homme et de femme qu'il fabrique peuvent être portées pendant plusieurs jours consécutifs sans être pénétrées par l'eau et sans que les bas ou les chaussettes conservent la moindre trace d'humidité, quelque minces que soient d'ailleurs les semelles. Diverses épreuves ont été faites sur des souliers très fins qui, immergés dans l'eau pendant plusieurs semaines, en ont été retirés sans que le cuir eût été pénétré.

La préparation que l'on fait subir au cuir avant de l'employer, bien loin de l'altérer, contribue au contraire à sa douceur, à sa souplesse et à sa conservation ; elle ne peut, en un mot, qu'en accroître la bonne qualité, et, en outre, l'enduit appliqué aux semelles ne peut, en aucune manière, occasionner la moindre maculation ou empreinte aux paquets ou aux tapis des appartements.

182. — ZAKRZEWSKI, dessinateur et graveur, à Paris, rue de Lille, n. 71.

Cet artiste polonais, auquel le jury de l'exposition nationale de 1840 a décerné une mention honorable, se livre particulièrement à la *gravure de la topographie*, et il emploie avec le plus grand succès, pour faire cette gravure sur pierre lithographique, la pointe de diamant, ce qui lui permet de graver sur pierre, à des prix modérés, avec une pureté que prouvent les épreuves qu'il expose.

183. — BING, horloger breveté du roi, à Paris, rue Portefoin, n. 6.

Fabrique et expose des pendules dites *mignonettes*, montées sous diverses formes et perfectionnées d'après celles du même genre que l'on voit en Allemagne.

Parmi ces pendules, on remarquera surtout les huitaines : *Adelaïde*, *Moyen-âge*, *Chasse-et-Pêche*, *Renaissance*, *Génie de la musique*, *Jour-et-Nuit* ; celles de *corne de cerf* et en *écaille*, en albâtre et porcelaine.

184. — CHIBON, fabricant breveté de couvertures de maisons, à Paris, rue de Charonne, n. 51.

Sa couverture en zinc est d'une forme et d'une combi-

naison entièrement neuves, tout en présentant une solidité à toute épreuve, elle offre encore les avantages suivants :

1° Elle couvre avec aussi peu de pente qu'on le désire ;

2° Elle permet de reposer une ou plusieurs feuilles en
plein comble ;

3° On peut marcher dessus en tout temps sans rien dé-
former ;

4° Elle n'a pas besoin de réparations ;

Avantages que M. Chibon, l'inventeur, assure par une
garantie de 20 ans.

On pourra se présenter à l'établissement pour de plus
amples détails et pour avoir l'adresse des maisons où ce système est déjà employé avec un succès complet.

M. Chibon prendrait des arrangements avec les entrepreneurs qui voudraient faire l'application de son système
dans les départements, et, dans ce cas, il traiterait avec
une seule personne pour chacun desdits départements.

185.—LALANDE, fabricant de STORES, à Paris, place des Victoires, n. 3.

Expose non seulement des *jalousies* d'une nouvelle forme et qui paraissent pour la première fois, mais encore
des stores par lui perfectionnés et qu'il livre aux prix suivants le pied carré, pour ceux de 18 pieds carrés au moins:

Prix du pied carré.

Mousseline apprêtée pour peindre, 50 cent. ; stores fond
blanc à bordure, 60 cent.; idem fond de couleur à bordure,
80 cent.; étoiles ou fleurons semés, sans bordure, 70 cent.;
idem, à bordure, 90 cent. ; damassés, 1 fr. à 1 fr. 20 c.,
fleurs semées ou perses, 1 fr. 10 à 1 [fr. 30 cent. ; fleurs et
oiseaux sur arbustes, 1 fr. 10 à 1 fr. 40 c. ; fleurs variées,
entrelacées, 1 fr. 30 à 1 fr. 75 cent. ; nielles fond blanc, 1
fr. à 1 fr. 25 cent.; idem n° 2, 1 fr. 20 cent.; vitraux gothiques, 1 fr. à 1 fr. 25 cent. ; fenêtres gothiques sculptées en
chêne ou en pierre, 1 fr. 30 à 1 fr. 50 cent.; fenêtres gothiques à sujets, 2 fr. 50 cent. ; arabesques, 1 fr. 25 à 1 fr.
90 cent. ; paysages, 1 fr. 25 à 1 fr. 75 cent.; fantaisies chinoises, 1 fr. 25 à 1 fr. 75 cent. ; figures avec bordure de
fleurs, 2 fr.

Prix des montures pour les stores ordinaires.

Le bordage à 2 fr., la garniture à 8 fr., et la pose à 2 fr.,
ou la monture complète, 12 fr.

186.—SCHWICKARDI, ingénieur, inventeur breveté des CHARPENTES EN TÔLE, à Passy, rue de

la Pompe, n. 4, et à Paris, chez M. **Leturc**, entrepreneur de serrurerie, rue Miroménil, n. 37.

Les *charpentes en tôle* dont M. Schwickardi expose seulement quelques solives ont toute la force nécessaire pour résister aux charges les plus fortes que doivent même supporter les charpentes en fer, comme l'ont constaté une commission du ministère de la guerre et plusieurs ingénieurs et architectes.

Ces *charpentes en tôle* ont le grand avantage de garantir de tout incendie et de coûter beaucoup moins cher que celles en barres de fer. Elles offrent donc *sûreté* et *économie*.

187. — LOTH, fabricant de FILOIRS, à Paris, rue du Faubourg-Poissonnière, n. 62.

Quoique l'industrie se soit mise à fabriquer les fils de lin et de chanvre au moyen de mécaniques ingénieuses, et que les Anglais inondent nos marchés de ce genre de fils, dont profitent nos tisserands pour chercher, en les appliquant, à obtenir des toiles qui puissent, pour leur bas prix, rivaliser avec celles qui nous arrivent également d'Angleterre et surtout de la Belgique, il n'en est pas moins certain que les qualités fines et *extrafines* de fil de lin ne peuvent être filées qu'à la main, et, nous pouvons le dire, aucun instrument n'est plus favorable que le filoir pour obtenir ce degré de finesse ; aussi toutes les fileuses qui en font usage ne peuvent plus s'en passer.

188. — MAURIN, PEINTRE EN BATIMENTS, à Paris, rue Saint-Honoré, n. 342.

Le mauvais effet de la plupart des travaux de peinture provient de la mauvaise qualité des matières employées, ce qui les fait se détériorer promptement : aussi M. Maurin, qui a mérité un rapport favorable de l'Académie de l'industrie, a compris d'où provenaient ces inconvénients, et s'est empressé d'adopter un mode de peinture qui a le grand avantage de donner une homogénéité complète entre toutes les couches entre elles et le vernis, ce qui procure à son travail la possibilité de résister fort long-temps aux intempéries extérieures de l'atmosphère.

189. — MAZARS, fabricant de CHANDELLES, à Rodez, département de l'Aveyron.

Expose et fabrique des chandelles dont le suif a été fondu et purifié par de nouveaux procédés.

190. — **TANNERIE**, forgeron, fabricant de CHARRUES perfectionnées, à Saint-Marcel, canton de Vernon (département de l'Eure).

Les charrues perfectionnées de M. Tannerie lui ont mérité une médaille d'argent en 1838 au concours du département de l'Eure, et une médaille d'or au concours de Trépagnie dans le même département.

Elles ont l'avantage de n'exiger qu'un tirage de 150 kil. dans le travail des jachères, et 180 au maximum. Elles sont tout en fer et ne pèsent que 100 kil., quoique ayant un avant-train. Leur prix, achetées et prises à Saint-Marcel, est de 150 francs.

191. — **NAVEAU**, fabricant de CORDES HARMONIQUES *en soie*, à Paris, place Saint-Sulpice, n. 8.

M. Naveau, qui a obtenu une mention honorable à l'exposition nationale de 1839, fabrique et expose des *cordes harmoniques en soie* parfaitement cylindriques, composées de plusieurs brins réunis par torsion et à l'aide d'une matière glutineuse. Elles offrent une grande résistance de traction et conviennent surtout ax guitares et aux harpes.

192. — **MAYENNE**, médecin-chirurgien DENTISTE de la faculté de Paris, rue du Petit-Carreau, n. 2, à Paris.

Les objets exposés par M. Mayenne lui ont demandé beaucoup de travail et nécessité de longues veilles et des dépenses excessives. Ils consistent dans une boîte contenant un *pélican* perfectionné par le sieur Mayenne et disposé de manière à surmonter toutes les difficultés, et faciliter l'extraction des dernières molaires, dites dents de sagesse, et des racines recouvertes.

Cet instrument est tel, qu'il peut compléter la trousse d'un dentiste.

Il est à la fois pélican, clef de garanjou, pied de biche, langue de carpe et élévatoire; en un mot, il peut servir pour toutes les opérations de la bouche.

Cette trousse, d'un très petit volume, est de la plus rare perfection.

Plusieurs autres instruments de chirurgie ont été inventés par M. Mayenne et ne laissent rien à désirer.

Il expose aussi un *tableau mécanique* d'un mètre de largeur, qui est un des plus beaux morceaux que l'on puisse exposer aux yeux du public.

Par le mécanisme le plus ingénieux, les deux personnages de ce tableau indiquent dans leurs mouvements le moyen d'adaption des dents artificielles. La nouveauté de ce procédé, la complication du mécanisme, la régularité de la marche, sont dignes de fixer l'attention. Ce tableau est accompagné de plusieurs pièces d'anatomie de la plus rare beauté; tout est en mouvement, et la marche a une durée de plus de vingt-quatre heures.

193. —ROSELLEN frères, facteurs de PIANOS, à Paris, rue Saint-Nicaise, n. 1, au coin de celle de Rivoli.

Ces fabricants, auxquels une mention honorable a été accordée à l'exposition de 1829, exposent un *piano carré*, à trois cordes, 6 octaves et demi, à X, système anglais perfectionné, réunissant au clavier facile une grande solidité.

194. — COQUELET, artiste en CHEVEUX, à Paris, passage Saucède, n. 13.

Se livre à la fabrication des articles en cheveux, dont il expose un grand nombre d'échantillons, tels que tresses, nœuds, boucles d'oreilles et de ceintures, bracelets, et autres objets destinés à maintenir toujours sous nos yeux des souvenirs de personnes qui nous ont été chères.

195. — LÉCUYER, fabricant des LAMPES OLÉOSTATIQUES de THILORIER, à Paris, au Palais-Royal, galerie de la Rotonde, n. 90, près le passage du Perron.

Dans toutes les lampes, quel que soit leur système, l'intensité de la lumière dépend de deux causes : 1° la facile adduction de l'huile dans le point voisin de la combustion; 2° la bonne disposition des deux courants d'air intérieur et extérieur, et il importe peu que le bourrelet d'huile qui alimente la flamme soit le résultat d'une force mécanique ou du simple équilibre des fluides.

D'où il résulte que le meilleur système de lampe est celui où le mode d'adduction de l'huile est durable et le moins dispendieux.

La lampe oléostatique, qui ne contient que de l'huile, ainsi que l'indique son nom, présente, au plus haut degré, cette double condition de la durée et de l'économie ; elle n'a ni les rouages compliqués des lampes mécaniques, dont la bonne confection est nécessairement coûteuse, et dont l'usage et l'entretien demandent des soins continuels, ni le bouchon de service des diverses lampes comprises sous le nom d'hydrostatiques, et l'on sait quelle est l'importance de ce bouchon, puisqu'il suffit d'un simple défaut de propreté et d'attention dans sa fermeture pour compro-

mettre le service de la lampe. En un mot, elle ne renferme aucune pièce mobile, articulée ou rodée ; et, toutes ses
parties étant fixes et soudées, on peut affirmer qu'elle ne
présente aucune chance possible de dérangement ou d'altération.

Mais ce qui distingue surtout la lampe oléostatique, c'est
la facilité et la promptitude du service journalier, qui se
fait en versant l'huile à pleine burette, par un orifice constamment ouvert, sans qu'il soit nécessaire, comme dans
les autres lampes, ou d'ajuster un entonnoir, ou de lever
un bouchon, ou de monter un ressort.

**196. — SALOMON (Joseph), fabricant de PLU-
MES MÉTALLIQUES, à Paris, cour Batave, n. 8.**

Le débit des plumes d'acier s'est augmenté dans une
progression énorme, et cette fabrication, qui s'introduisit
pour la première fois dans l'industrie sur le sol anglais, est
aujourd'hui véritablement importée en France. Ainsi, M.
Salomon expose divers échantillons des plumes métalliques
de sa maison.

**197. — BATAILLE, serrurier-mécanicien,
fabricant de MEUBLES EN FER PLEIN, à Paris, place
Vendôme, n. 3.**

Le succès des meubles en fer va toujours tellement en
croissant, que plusieurs serruriers-mécaniciens, au nombre desquels figure avec de véritables avantages M. Bataille, se
livrent tout particulièrement à cette fabrication. Seulement
M. Bataille les fabrique spécialement en fer plein, et les
orne avec un luxe qui permet de les placer même dans les
plus riches salons.

**198. — MASSUE, fabricant de PEIGNES, à
Paris, rue Aumaire, n. 33.**

Ce fabricant tient particulièrement à obtenir la plus
grande perfection possible dans la fabrication des peignes
d'ivoire et même de buis, et pour montrer le degré de
perfection réel qu'il y obtient, il expose divers articles
sortis de ses ateliers.

**199. — DARCHE (Mme Veuve), fabricante de
FOURNEAUX ÉCONOMIQUES, à Paris, 4, rue Charlot.**

Fourneaux pyrotechniens.

Pénétré du besoin qu'éprouvait encore le public, et surtout les petites fortunes, de trouver dans de nouvelles
combinaisons une *économie réelle*, l'auteur des fourneaux
pyrotechniens a cherché, dans un système de construction

et solide , les moyens de mettre ses appareils à la portée des fortunes médiocres. Ses *poêles-fourneaux portatifs* , eu égard à leur solidité , à la facilité de leur transport et surtout à l'économie qu'ils procurent , coûtent beaucoup moins cher que les autres appareils; ils ne sont point aussi sujets à réparation , l'auteur s'étant attaché à mettre, par des procédés à lui , l'intérieur de ces fourneaux à l'abri de l'action du feu.

Madame Garche expose plusieurs modèles de ses fourneaux économiques.

200.—HALLÉ, fabricant d'objets en CARTON DE PAPIER, à Paris, place Saint-Germain-l'Auxerrois, n. 3.

Ce fabricant , qui a obtenu une médaille de bronze à l'exposition nationale de 1839, expose des armures , des casques et des boucliers pour théâtres , des statuettes et statues , ainsi que des chandeliers et candélabres pour l'église , tous objets fabriqués avec le carton de papier dont il se sert pour la confection des poupées de marchandes de modes et des poupées d'enfants , fabrication à laquelle il continue toujours à se livrer tout particulièrement.

201. — MORICEAU , fabricant d'USTENSILES DE PÊCHE, à Paris, au *Martin pêcheur*, quai de la Mégisserie, n. 26.

Fabrique des ustensiles de pêche et de chasse en tous genres, cannes pour toutes sortes de pêches , moulinets, lignes en queue de rat , mouches , insectes et poissons artificiels , hameçons anglais , irlandais , génevois , etc. , émérillons , paniers de pêche , soie de Chine , fouet de lin , filets pour la pêche et la chasse.

202. — DUBUC, fabricant breveté de POMPES, à Paris, rue de Bondy, impasse de la Pompe, n. 3, derrière le théâtre de la Porte-Saint-Martin.

Fabrique et expose une pompe à jardins et à incendies , à jet continu , imitant la pluie naturelle , lançant l'eau de 40 à 50 pieds de distance ; nettoie les arbres et les espaliers, les fenêtres et les cabriolets.

Cette pompe a fait l'admiration des connaisseurs aux expositions de l'industrie et d'horticulture du Louvre de 1842, médaille , mention et citation honorable pour prix d'encouragement. Prix de ses pompes: 5 fr. , 8 fr. et 12 fr. en zinc ; en cuivre, 15 et 20 fr.

Pour l'amorcer, on bouche le bout pendant que l'on pompe ; ne jamais graisser le piston.

203. — MOREAU (César), ancien vice-consul de France en Angleterre, directeur de l'Académie de l'industrie, à Paris, place Vendôme, n. 24.

Expose un tableau représentant l'état du commerce de la Grande-Bretagne avec toutes les parties du monde pendant 125 ans, année par année.

Cet aperçu curieux offre l'intéressant résultat de tous les documents parlementaires et autres pièces officielles depuis 1696. Ce fut le premier tableau de ce genre qui fut établi sur des bases positives ; il a obtenu l'assentiment de toutes les chancelleries et de plusieurs souverains d'Europe. Il indique la valeur du commerce d'importation et d'exportation de la Grande-Bretagne avec l'Europe, l'Asie, l'Afrique et l'Amérique réunies, de son commerce séparé avec chacune des parties du monde et de chacun des royaumes, états ou colonies qui en dépendent; du revenu net du produit des douanes; du tonnage anglais et étranger à la sortie des ports britanniques, du nombre des banqueroutes, du prix des fonds publics, tant actions de la banque que trois pour cent consolidés; du terme moyen de chaque commerce par périodes de guerre et de paix, et d'un relevé chronologique des événements contemporains. Ce tableau, du prix de 7 fr., se vend chez Lemoine, libraire à Paris, place Vendôme, n° 24.

204. — PATUREL, fabricant de FOUETS, à Paris, rue Saint-Martin, n. 98.

La fabrication des fouets et cravaches est devenue une spécialité à laquelle se livre essentiellement M. Paturel, qui tient tout ce qu'il y a de plus perfectionné en fait de *cravaches* et de *fouets* pour voitures et cabriolets. La manière avec laquelle ils sont tressés et le prix modéré qu'on les vend doivent les faire remarquer.

205. — DEJERNON, AUTEUR GRAPHIQUE, à Paris, rue du Faubourg-Saint-Antoine, n. 111.

Inventeur d'ardoises factices qui sont aussi légères qu'un faible carton. Elles offrent l'avantage de permettre d'écrire et d'effacer les caractères autant de fois qu'on le désire; elles sont propres à remplacer la peau dans les agendas, et sont excellentes pour montrer à écrire, sans avoir besoin de consommer une grande quantité de papier; aussi, étant d'un prix très modéré, sont-elles probablement destinées à remplacer les ardoises dans les écoles primaires.

206. — BONNEMAIN, TAPISSIER, à Paris, rue de Suresne, n. 23.

L'art du tapissier reprend depuis quelque temps ses anciennes habitudes et il cherche à nous fournir des meubles véritablement confortables. Aussi M. Bonnemain espère qu'on reconnaîtra quelque mérite au *fauteuil de voyage* qu'il expose et qu'il vient de confectionner exprès pour cette exposition.

207. — GRENIER, fabricant breveté de PARAPLUIES, à Paris, rue du Faubourg-Saint-Martin, n. 13.

Ce fabricant, en sa qualité d'ancien horloger, a imaginé d'appeler à son aide la puissance et l'exactitude des machines pour confectionner ses parapluies. Leurs noix sont des modèles d'ajustage; leurs baleines sont très fortes, leurs ressorts à peu près invisibles, et pourtant la canne conserve toute sa force en même temps que le parapluie est devenu entièrement mince, qualité importante dans un meuble que l'on a l'habitude de toujours considérer comme plus ou moins incommode. Ce parapluie, entièrement nouveau, et les ombrelles de M. Grenier, se recommandent donc naturellement au public, qu'il invite à venir les apprécier.

208. — BIENVENU, fabricant breveté de CORPS MÉCANIQUES, à Paris, rue Taitbout, n. 5.

Ce qui manque toujours aux couturières, ce sont des corps parfaitement exacts à ceux pour lesquels doivent être faites les robes qu'elles confectionnent. Aussi, quoiqu'elles prennent bien leurs mesures, elles sont souvent obligées d'aller les essayer plusieurs fois, ce qui leur fait perdre beaucoup de temps. C'est donc pour leur éviter cette perte de temps que M. Bienvenu a imaginé son *corps mécanique*, qui peut également convenir aux dames qui confectionnent elles-mêmes la plupart de leurs robes.

209. — BOULANGER, fabricant de CIRAGE, à Paris, rue du Bac, n. 73.

Le cirage que fabrique M. Boulanger est confectionné de manière qu'il ne peut brûler ni les bottes ni les souliers; aussi jouit-il d'une juste renommée dans le faubourg Saint-Germain et dans tous les environs de sa fabrique.

210. — DUBOIS, parfumeur, à Paris, rue Guena, n. 16, au Gros-Caillou.

La parfumerie chaque jour fait en France d'importants progrès, et c'est assurément l'un des articles de la fabrique de Paris qui jouit avec raison du plus grand succès; sans cesse elle cherche à perfectionner ses produits, et M. Dubois suit avec habileté cette marche progressive, comme le prouvent ceux qu'il expose.

211. — VIDRON, fabricant de TABLETTERIE, à Paris, rue Saint-Denis, n. 160.

La tabletterie est assurément une des petites industries qui attachent le plus l'attention du public, et Paris est le centre de cette branche industrielle, car il n'y a qu'à Paris que l'on soigne avec autant de goût tous les articles dont plusieurs échantillons sont exposés par M. Vidron.

212. — DEUPÈS, CALLIGRAPHE, à Paris, rue Chilpéric, n. 10.

Est l'inventeur d'un nouveau procédé propre à montrer à écrire; ce sont des calques pointés en couleur présentant des tracés légèrement indiqués que l'élève n'a plus qu'à suivre, ce qui les met, dit M. Deupès, promptement en état d'écrire seuls et sans avoir besoin d'aucun tracé.

213. — ACHARD, ÉPURATEUR DE PLUMES, à Paris, rue Beaurepaire, n. 7.

Se livre tout particulièrement au nettoyage et à l'épuration des lits de plumes, des sommiers de crin et des matelas de toutes les natures. Ses moyens ont l'avantage de n'altérer en rien les produits que l'on veut bien lui confier.

214. — PAINPARÉ, fabricant breveté de BOISSONS ÉCONOMIQUES, à Paris, rue du Perche, n. 14.

Saccharine.

Le besoin d'une boisson nouvelle réunissant les meilleures conditions de salubrité se fait sentir depuis longtemps. Il y a quelques années que plusieurs personnes s'en sont occupées, et leurs essais n'avaient pas été satisfaisants. C'est en reprenant ces mêmes essais et ceux qu'il avait faits lui-même, aidé des conseils d'un chimiste, que M. Painparé est parvenu à composer la *saccharine*, qui ne laisse rien à désirer sous le rapport du goût, de sa conservation et de la salubrité. Il fallait encore remplir une condition, celle du bon marché; il y est parvenu.

La *saccharine* est légèrement vineuse et peu gazeuse, qualité si recherchée aujourd'hui et qui convient à tous les estomacs; elle peut être bue comme boisson alimentaire et comme boisson rafraîchissante.

Pour les personnes qui aiment les boissons très gazeuses, une *saccharine* est préparée, comme les eaux de Seltz, *avec un appareil*; dans cet état, la *saccharine*, est comparable aux meilleures boissons gazeuses connues, et occupera un rang distingué parmi les boissons rafraîchissantes dans les bals et soirées.

Ses prix sont très modérés, puisqu'elle est vendue, rendue à domicile, 25 centimes la bouteille, prise par panier de 12 bouteilles.

215. — MÉGRET, professeur, à Paris, rue Richer, n. 31.

Expose une carte muette de géographie historique, représentant l'Europe avec ses divers états, lavés en autant de nuances distinctes.

216. — HELBRONNER, à *l'Industrie allemande*, fournisseur de S. M. la reine et des princesses, fabricant de TAPISSERIE et éditeur de dessins, à Paris, rue de la Paix, n. 10.

Se livre particulièrement à la fabrication des dessins pour tapisserie et à la confection des tapisseries exécutées à la main, soit en laine, soie ou chenille, sur toutes sortes de canevas ou étoffes.

Expose divers sujets de tapisserie dont la beauté paraît supérieure à tout ce que l'on a vu à Paris jusqu'à ce jour en ouvrages modernes. Les objets de patience que l'on fabriquait autrefois dans les couvents de femmes de la Suisse et de la France pourraient seuls supporter la comparaison avec les chefs-d'œuvre qui sortent journellement des ateliers de M. Helbronner.

217. — NOEL, tabletier, à Paris, rue S.-Honoré, 281.

Expose des billes de billard tournées parfaitement rondes par de nouveaux moyens mécaniques fort ingénieux et de son invention, quoique analogues en apparence à ceux que souvent avant lui on avait inutilement essayé d'appliquer la pratique.

218.—M. PAYOT, ayant pour successeurs **MM. BRÉCHOT** et **GÉRARD**, droguistes, à Paris, rue des Lombards, n. 28.

Expose des pharmacies portatives inventées et perfectionnées par lui, contenant plus de 150 articles sous un très petit volume. Les médicaments s'y sont conservés sans altération depuis 1826, c'est-à-dire pendant douze années consécutives.

Ces pharmacies, qui ont le très grand avantage sur les anciens coffres d'être très complètes et de se fermer hermétiquement, seraient très utiles pour les armées en campagne, pour les fabriques, les usines, les villages, bourgs et autres lieux éloignés de toute officine; enfin pour les armateurs et capitaines au long cours, et autres personnes qui sont forcées de renouveler intégralement les médicaments à chaque voyage.

219. — CHEVALIER, ferblantier, fabricant breveté d'APPAREILS ÉCONOMIQUES, rue Montmartre, n. 140, à Paris.

Auteur d'un grand nombre d'appareils d'économie domestique, a obtenu des médailles d'or de l'Académie de l'industrie en 1836 et 1838.

Expose 1° une baignoire à réservoir supérieur, du prix de 150 à 160 fr. et au dessus, inventée en 1834, et depuis améliorée et perfectionnée de manière à pouvoir s'en servir pour chauffer en quelques minutes avec dix ou douze centimes de charbon, et sans aucun danger, l'eau d'un bain, ainsi que l'eau nécessaire pour le réchauffer et le linge dont on veut se servir; cette baignoire peut être garnie à volonté d'un appareil propre à donner des immersions d'eau, analogue à celui qui se trouve pareillement exposé; 2° divers rafraîchissoirs ou glacières portatives pour le service des salles à manger pendant les chaleurs de l'été; 3° des calorifères portatifs, pouvant être chauffés au bois ou au charbon de terre, et divers autres objets.

220. — FROSTÉ, fabricant de COLS, à Paris, rue du Faubourg-Montmartre, n. 4.

Expose divers cols en satin à nœuds et à châles, des cols blancs à intérieur mobile, des cravates-écharpes et des cravates anglaises en satin et de fantaisie.

221. — LACOUX, ancien chef d'escadron, à Paris, rue de la Pépinière, n. 20.

Est l'inventeur de plusieurs objets sur lesquels il appelle l'attention du public. Ainsi l'on peut remarquer une harpe, une guitare, et des modèles de voiture inversables, qui, tous, paraissent pour la première fois dans une exposition.

222. — GUYOUX, curé, à Montmerle (département de l'Ain).

Vient d'inventer et expose un cadran solaire donnant 1° le temps moyen et le temps vrai avec leur différence à tous les instants de la journée; 2° la déclinaison australe et boréale du soleil; 3° son passage par les différents signes du zodiaque; 4° les divisions horaires, qui y sont poussées jusqu'aux minutes, et même, à l'aide d'un nonius qu'il serait facile d'y établir, on pourrait sans peine arriver jusqu'aux secondes; 5° on peut aisément, avec ce cadran, prendre l'heure par un soleil très faible, les rayons lumineux se trouvant concentrés par le moyen d'une lentille; 6° il indique, à très peu de chose près, la latitude du lieu où il est placé.

223. — GONFREVILLE, chimiste-manufacturier, à Deville près Rouen (Seine-Inférieure).

Expose une série de produits nouveaux obtenus par des procédés particuliers, et employés pour la teinture, la peinture, et l'apprêt du coton, du lin, de la soie et de la laine.

224. — LEVRAUD, restaurateur et fabricant de CONSERVES ALIMENTAIRES, rue Thurot, place de la Bourse, n. 23, place du Commerce, et rue de la Bourse, n. 1, à Nantes.

Fabrique et expose des échantillons de conserves alimentaires propres aux voyages de long cours et ayant l'avantage d'être renfermées dans des boîtes qui sont sans forte soudure ni cordon de soudure, et dont le couvercle peut se retirer avec facilité par un anneau adapté à cet usage. Le couvercle étant fermé par un procédé chimique particulier, ces mêmes boîtes peuvent servir à l'infini au même usage sans aucune réparation, et peuvent, à l'occasion, être employées comme des ustensiles de cuisine.

225. — SAINT-GILLE et JOBERT, fabricants brevetés de TISSUS et de *mécaniques à tisser*, à Paris, rue Beaubourg, n. 52.

Fabrique et expose des tissus en gomme élastique pour

bretelles, ainsi que des bracelets mécaniques en soie, des cordons de cannes, d'ombrelles et de parapluies, et autres tissus élastiques pour ceintures. Il est aussi l'auteur de mécaniques à guiper de nouvelle invention, et d'une mécanique à tisser supprimant les cartons aux métiers de Jacquart.

226. — SIMON, apprêteur de PLUMES A ÉCRIRE, à Paris, rue Saint-Antoine, n. 86, fournisseur de la maison du Roi.

L'exposant apprête par un procédé tout particulier les plumes à écrire ; il donne à cette marchandise si utile un haut degré de perfection, en lui procurant une fente nette et sans dents jusqu'au bout, et en permettant d'y incruster toute espèce d'ornements, sans en altérer la qualité.

Un grand nombre de personnes se servent à présent de plumes métalliques par commodité, puisqu'elles n'ont pas besoin d'être taillees ; mais personne ne prend en considération qu'en s'en servant fréquemment, on finit par avoir la main lourde, suite que n'occasionnent point les plumes d'oie, dont l'usage vous conserve toujours la main légère.

Une preuve que le procédé ci-dessus mentionné est bon et avantageux, c'est que l'exposant a déjà été honoré de la bienveillance de LL. MM. le Roi des Français, le Roi de Prusse, l'Empereur de Russie, l'Empereur d'Autriche, et de S. A. R. le Duc d'Orléans.

227. — DELEUIL, constructeur d'INSTRUMENTS DE PHYSIQUE, balancier de la commission des monnaies et médailles, rue Dauphine, 22 et 24 ; et ayant ses ateliers et magasins rue du Pont-de-Lodi, n. 8, et à l'Hôtel des Monnaies.

M. Deleuil expose une balance d'une grande précision, portant une charge de 10 kilog., qui, aux diverses expositions nationales, a obtenu des médailles de bronze et argent. Elle peut donner une évaluation d'un milligramme. Cet instrument, dont les résultats étaient inconnus jusqu'à ce jour, est d'un beau fini et d'une grande simplicité, quoique son poids total soit d'environ 200 kilogr.

A côté de cette balance, M. Deleuil expose une petite balance d'analyse établie sur les mêmes principes que la précédente et adoptée dans les laboratoires des principaux chimistes de Paris. Son prix n'est que de 200 fr. avec les plateaux en platine. Elle peut peser 200 grammes ; à cette charge, elle accuse la demi-millième partie du gramme. Enfin il expose une machine pneumatique et différents autres instruments de physique ; un microscope double et un simple de M. Raspail, dont plus de cent douzaines sont sorties des ateliers de M. Deleuil.

228. — MOUSSIER-FIÈVRE, fabricant breveté du MINOFOR, alliage imitant l'argent, à Paris, rue des Fossés-Montmartre, n. 27.

Expose un service de table composé avec une matière saine et solide, sans cuivre, tout ce qu'il y a de mieux après l'argent (extrait du catalogue officiel, et rapport du ministre du commerce à l'exposition de 1839, sous le n° 1567). Honoré d'une médaille qu'il a reçue des autorités du département du Nord à cause de sa belle découverte et pour ce qu'il fait en service de table avec son métal, tels que plats, casseroles, soupières, théières, etc. ; couverts unis et à filets de 2 fr. à 2 fr. 50 cent., cuillères à café, 4 et 5 fr. la douzaine, le tout garanti de solidité et salubrité. C'est la seule fabrique dans ce genre où cette matière se travaille avec une grande facilité ; elle se lamine, se repousse, se retrécit, s'estampe et se frappe du marteau comme l'argent. Elle fait avec le minofor tout ce qui se fait dans l'orfévrerie, les mêmes modèles, et aussi bien finis.

229. — CUILLIER, fabricant de CHOCOLAT, à Paris, à *la Caravane*, rue Saint-Honoré, n. 293.

Ce fabricant a obtenu de l'Académie de l'industrie un rapport des plus favorables, dans lequel on remarque surtout le passage suivant :

« Lorsqu'un fabricant baisse ses prix sans altérer les qualités, et même en les améliorant, il mérite les encouragements des sociétés industrielles, car il introduit une amélioration dans la condition des consommateurs qui équivaut presque à une nouvelle découverte qui, en général, n'a d'autre effet que de faire baisser les prix.

» C'est une amélioration de ce genre que l'on doit à M. Cuillier. En employant des ingrédients de bonne qualité, en suivant des modes économiques et satisfaisants de fabrication, il est parvenu à pouvoir livrer à la consommation particulière des chocolats de toutes qualités à des prix extrêmement modérés. Les chocolats ordinaires, qualité satisfaisante, sont livrés à 1 fr. 25 c. ; le bon ordinaire à 2 fr. ; les chocolats première qualité, composés de cacaos venant de la côte de Caraque, sont vendus 3 fr. Bien plus, il fabrique aussi des chocolats toniques et rafraîchissants, tels que chocolats ferrugineux, au lait d'amandes, et autres, et les prix ne sont en général augmentés que de 50 centimes par demi-kilogramme.

230. — LEMERCIER, fabricant des CHAPEAUX IMPERMÉABLES de M. Deharbe, à Paris, rue de Richelieu, n. 5.

Le genre de chapeaux que fabrique M. Lemercier a l'avantage de garantir de l'humidité extérieure et de toute transpiration les bords et même une partie des flancs du chapeau. Le fond de ses chapeaux possède aussi l'avantage de ne jamais être déprimé par l'humidité, comme on l'éprouve chaque jour avec les chapeaux de feutre ordinaires, lorsqu'ils ont été exposés à la pluie. Ils sont donc véritablement imperméables.

231. — ROUSSEAU, PEINTRE et GRAVEUR, à Paris, rue de l'Entrepôt-des-Marais, n. 5.

Expose des produits décorés au moyen de la *calcographie*, procédé breveté et appliqué à l'industrie.

Il fabrique des plateaux de toutes formes, des devantures de boutique, des cheminées en cuivre jaune et des objets d'art et d'utilité de tous genres, décorés d'un travail inaltérable.

232. — FICHET, serrurier-mécanicien, fabricant de COFFRES-FORTS et de SERRURES, rue de Richelieu, n. 77, à Paris.

Ayant obtenu une médaille d'honneur à l'exposition nationale de 1834, et une d'argent de l'Académie de l'industrie en 1837.

Expose 1° un coffre-fort dans le goût de la renaissance avec un nouveau genre de fermeture ; 2° une nouvelle serrure à leviers mobiles perfectionnée de manière à empêcher l'introduction du plus faible ciseau entre la gache et la serrure, le pêne de celle-ci maintenant immuablement la première ; 3° et enfin un modèle de coffre à grille propre à retenir prisonnier tout voleur qui voudrait forcer la serrure. Ce coffre, établi sur une grande échelle, avait attiré à l'exposition nationale toutes les personnes capables d'apprécier les choses utiles.

233. — VILLEMSENS, fabricant de BRONZES, à Paris, rue Saint-Avoie, n. 57.

Parmi les objets exposés par M. Villemsens, on peut remarquer sa pendule, et surtout ses candélabres représentant des trophées d'armes couronnés par une tête de palmier fort élégante et supportés par les figures allégoriques du Courage, de la Science et de la Prudence.

M. Villemsens, qui continue à fabriquer des garnitures en bronze pour autels, expose en outre diverses autres pièces dont le dessin est toujours d'une pureté et d'un goût que le public probablement ne pourra qu'approuver.

234. BROCCHIERI (Pierre), CHIMISTE de Naples, demeurant à Paris, rue Louis-le-Grand, n. 23.

Expose les objets chimiques suivants :

1° *Eau hémostatique-antiscorbutique*, à 1 franc 25 cent. l'once.

Les effets prodigieux qu'on a obtenus avec cette eau ont été constatés par des médecins italiens, anglais, américains et français, comme on peut le voir dans la *Gazette des hôpitaux*, et dans le rapport fait par la Société de médecine pratique, après de nombreuses expériences faites par les membres de cette Société.

On peut voir aussi le *Courrier français* du 16 mars 1840, dans lequel M. Blanqui, *membre de l'Institut*, a retracé avec impartialité les faits dont il a été témoin, et dans *la Presse* du 1er mai, où M. le docteur Puzin, chirurgien-major de la garde nationale à cheval, a fait un article pour mettre au jour toutes les guérisons qu'il a obtenues par l'emploi de l'eau Brocchieri. Il a même ouvert sa maison de santé (sise à Chaillot, rue des Batailles, n° 5) à tous les malades qui voudraient y suivre un traitement par l'eau hémostatique.

M. le docteur Puzin est visible chez lui tous les jours de 9 heures à 2 heures.

On peut enfin voir les pièces pathologiques conservées au Cabinet d'anatomie du Jardin du Roi par M. le docteur Rousseau, chef des travaux économiques.

Et le directeur général des abattoirs de Paris, après avoir été témoin des effets merveilleux de l'eau Brocchieri, a autorisé l'inventeur à faire des dépôts gratuits dans les abattoirs de Paris pour les hémorrhagies provenant de blessures auxquelles sont exposées très souvent les personnes de cet état.

Il expose en outre :

2° Extrait de bois de campêche à 1 fr. 25 cent. la livre;

3° Idem de bois de sandal à 3 fr. la livre ;

4° Idem de gaude lutiola à 1 fr. 25 la livre ;

5° Idem de ratanhia, à un prix plus économique que celui qui vient d'Amérique.

Les objets susindiqués sont composés de substances indigènes, à l'exception des extraits de sandal et de campêche. Ce dernier offre une grande économie sur le bois en nature : car, puisqu'il économise trois parties de main-d'œuvre, transport, combustible, épurage, ateliers, magasins, etc. — Les objets de toute nature soumis à l'usage de cette teinture sont d'une plus longue durée et d'une plus belle teinte.

Voici un aperçu de la consommation annuelle qui se fait en Europe, extrait des registres de la douane : Bois en bûches, 214,540,000 livres, poids de marcs, et cela d'Amérique en Europe; cette immense quantité réduite en extrait à 53,000,000 de son poids et au 8ᵉ de son volume.

C'est par toutes ces considérations que le gouvernement mexicain, sur la présentation d'une demande et sur procuration donnée à *Ange de la Pena Barracano*, du Mexique même, a accordé à M. Brocchieri un privilége exclusif pour dix-neuf années, et pour monter un établissement pour l'exploitation dudit extrait.

Cette tentative avait déjà été faite par plusieurs Sociétés anglaises, américaines, françaises, etc., qui ont toutes échoué.

Pour plus amples renseignements, s'adresser chez M. Brocchieri, rue Louis-le-Grand, n° 23, à Paris.

255. — Vᵉ DELARUELLE et LEDANSEUR, fabricants de CRAYONS et de COULEURS, à Paris, rue du Petit-Thouars, ou enclos du Temple, n. 20, hôtel Bouflers.

Ayant obtenu une médaille d'argent à l'Athénée des arts pour les crayons et couleurs à dessin.

Ce fabricant fait toutes sortes de crayons à dessin; et particulièrement les crayons en noir d'Etna pour l'huile, la gouache et l'estompe. Il fabrique également des tablettes de couleurs fines, des crayons lignes de divers numéros, ainsi que des pastels fins; et, pour échantillons, il expose une montre remplie de ses produits.

256. — MONTAGNAC, fabricant de TOILES MÉTALLIQUES, à Paris, rue de Paradis-Poissonnière, n. 47.

Les Anglais jadis avaient seuls le privilége de fournir à l'Europe les toiles métalliques dont elle avait besoin; mais actuellement beaucoup de fabricants français rivalisent avec succès contre l'Angleterre, et l'on peut remarquer les toiles et gazes métalliques qui suivent, fabriquées par M. Montagnac, quoique sa fabrique ne soit établie que depuis très peu de mois.

Toile sans fin pour papeterie, n° 70,
9 mètres de long sur 1 mètre 65 centimètres.

1 toile n. 150 vélin sur 50 centim.
1 toile n. 200 croisée sur 50 centim.
1 toile n. 120 vélin   dito.
1 toile n. 110
1 toile n. 100 pour garance.
1 toile n. 80   dito.
1 toile n. 6 pour lavage de laines, en laiton.
1 toile n. 6 pour bluteries.

237. HUTIN-DELATOUCHE, chamoiseur, fabricant de buffleterie, à Trye-le-Château, près Gisors (Eure).

Expose des peaux de buffles préparées et s'applique à perfectionner cette fabrication de manière que ses cuirs puissent soutenir la concurrence avec tous ceux qui se fabriquent soit en France, soit à l'étranger.

238. — GANDILLOT, fabricant de FER CREUX, à Paris, rue Bellefond, n. 32.

Ce fabricant est arrivé à établir des ameublements en fer creux aussi riches que s'ils étaient confectionnés par nos plus habiles ébénistes. La belle exécution des objets qui sortent de cette maison leur a fait une telle réputation, que leur fabrication, qui s'élevait en 1834 à 100,000 fr., monte annuellement aujourd'hui à plus d'un million.

Il expose un lit de luxe et plusieurs objets d'ameublement en fer creux et recouverts des plus belles peintures.

239. — MAILLY, coiffeur, à Paris, rue Saint-Martin, n. 149.

Expose divers modèles de perruques, des cuirs à rasoirs et de la parfumerie.

240. — CHAMELAT, COUTELIER, à Paris, rue de la Vieille-Bouclerie, n. 5.

Les rasoirs évidés de M. Chamelat sont assez connus de MM. les coiffeurs de Paris, auprès desquels ils jouissent de la meilleure réputation. C'est donc l'attention du public et des étrangers qu'il appelle sur les produits de sa fabrique, qui, tout en étant d'un prix très modéré, soutiennent avec succès la concurrence contre les meilleurs rasoirs anglais.

241. — BONNET, fabricant de MESURES LINÉAIRES, rue Grénetat, n. 16.

Expose et fabrique sur rubans imperméables, pour le toisé en général, des mesures linéaires françaises, étrangères et de fantaisie, en tous genres, et des mesures à ressort de son invention, rentrantes à volonté, et renfermées dans des boîtes du plus nouveau goût.

Pour faciliter la réduction des anciennes mesures et poids, il a inventé et il expose des tableaux synoptiques de comparaison de poids et mesures pour lesquels il est seul breveté.

242. — DUVOIR (Léon), entrepreneur de FUMISTERIE, à Paris, r. Notre-Dame-des-Champs, n. 24.

M. Léon Duvoir expose un cuvier à lessive qui a été l'objet d'un rapport favorable de l'Académie de l'industrie en date du 25 mai 1838. Il résulte de ce rapport et des expériences qui s'y trouvent consignées, que ce cuvier procure une grande économie de temps par la célérité avec laquelle les opérations de la lessive peuvent s'y effectuer ; une économie de savon, parce que l'essengeage du linge n'y est pas nécessaire ; une économie de combustible, puisque l'appareil est établi sur les principes les mieux raisonnés ; et enfin une économie d'argent et de main-d'œuvre, puisqu'une fois le linge placé, un enfant suffit pour entretenir le feu et pour faire fonctionner l'appareil. On remarque encore que le linge traité dans ce cuvier est plus blanc après le rinçage, que les impuretés s'en détachent plus facilement, parce qu'il n'a été saisi dans aucun de ses points par une lessive portée à une trop haute température ; enfin que l'appareil peut se transporter aisément partout où on veut au moyen des roues sur lesquelles il est monté, avantage qui permet de l'amener près des eaux courantes, où s'exécutent les autres opérations de la lessive et du blanchissage.

M. Léon Duvoir, qui est un de nos plus habiles ccaminologistes, n'a pu exposer dans les salles de l'Orangerie du Louvre un grand nombre de beaux appareils fixes et à demeure qu'il a établis dans un très grand nombre de maisons bourgeoises, de châteaux, de palais et d'établissements publics, et qui tous se font remarquer par une connaissance approfondie de l'art et par la plus heureuse application des principes de la science. Nous citerons, entre autres, 1° les belles cheminées chauffant des maisons entières par circulation d'eau ; 2° ses fourneaux de cuisine sur lesquels on exécute non seulement toutes les opérations possibles de

la préparation et de la cuisson des aliments dans les systèmes même les plus raffinés, avec une célérité, une propreté et une perfection remarquables, sans qu'il y ait le
moindre dégagement d'odeur, de fumée ou d'émanation
quelconque, et cela avec une grande économie de combustible, et qui, en outre, chauffent des masses d'eau con-
sidérables pour le bain, la lessive, le lavage des ustensiles,
et enfin pour tous les besoins domestiques : ces fourneaux,
établis dans une foule de grandes maisons particulières, chez
des restaurateurs, des aubergistes, dans des maisons communes, des hospices, et, entre autres, celui vraiment remarquable du grand hôpital de Melun, ont constamment donné
depuis plusieurs années les meilleurs résultats ; 3° les fourneaux de cafés et de limonadiers, où tout est disposé avec
une intelligence remarquable pour la facilité du service, la
salubrité, l'économie du combustible, de l'espace et du
temps, la bonne confection de toutes les préparations, et le
nettoyage rapide et facile, et à l'eau chaude, de tous les
vases et ustensiles ; 4° enfin ses beaux appareils de chauffage à l'eau chaude et à l'air chaud, parmi lesquels il convient de citer celui du tribunal de Fontainebleau, et particulièrement celui qui a été terminé l'hiver dernier et
qui est destiné à chauffer les immenses salles du palais du
quai d'Orsay, où siége actuellement le conseil d'état et où
sera prochainement installée la cour des comptes. Ce magnifique appareil, où M. Léon Duvoir a fait preuve de la plus
haute intelligence de son art, est certainement unique dans
son genre, et celui, parmi tous ceux qui nous sont connus, qui, avec une assez faible dépense de combustible, développe une aussi grande quantité de chaleur, la
porte à une aussi grande distance et la répartit le plus uni-
formément dans les capacités qu'il s'agit d'échauffer. Au
reste, un rapport détaillé qui paraîtra prochainement dans
le *Journal de l'Académie* servira à faire mieux apprécier le
mérite de cet appareil et à motiver la distinction dont M.
Léon Duvoir s'est montré digne.

243. — SANDERS, fabricant de FONTAINES A
THÉ, à Paris, rue Soly, n. 13, près la place des
Victoires.

Fabrique des fontaines à thé en cuivre bronzé, des bouil-
lottes anglaises, théières, marabouts, réchauds de table
à braise et à bougie, des bassinoires à ressort ; fait les rac-
commodages, les échanges, et remet à neuf. Fontaines à
thé, cheminées à double air, faisant bouillir l'eau froide
en moitié moins de temps que par l'ancien procédé.

244. — LEFRANC, fabricant de COULEURS, à Paris, rue du Four-Saint-Germain, n. 23.

La bonne qualité et la modicité des prix des couleurs exposées par M. Lefranc viennent des procédés particuliers de broyage qu'il emploie. Chaque jour il en reçoit des témoignages flatteurs des hommes de l'art, ce qui prouve qu'il est possible dans cette branche d'industrie d'obtenir ces deux avantages, bonne qualité et bas prix, qu'il est important de ne jamais séparer l'un de l'autre.

245. — HILDEBRAND, fondeur de CLOCHES, à Paris, rue Saint-Martin, n. 102.

L'art du fondeur de cloches serait resté assez stationnaire si des savants comme MM. Gay-Lussac, Thénard et Darcet, ne s'étaient pas occupés de chercher , au moyen des analyses chimiques , les proportions qui leur fussent les plus convenables pour en augmenter le son, et si des fondeurs aussi habiles que M. Hildebrand n'étaient venus appliquer les excellentes leçons de ces savants. Aussi les cloches et les timbres de ce fondeur sont toujours d'une clarté et d'une supériorité de son dignes de la juste réputation de ce fondeur.

246. — HUET, breveté pour plusieurs MACHINES, à Paris, rue Basse-du-Rempart, n. 44.

Expose un *bateau à palettes mobiles* triplant la vitesse obtenue avec les rames ordinaires ; un corsage à jupe hygiénique contre les mauvaises habitudes des enfants , pouvant être établi à un prix très minime.

247. — ARNHEITER, fabricant breveté d'INSTRUMENTS D'HORTICULTURE, à Paris, rue Childebert, place de l'Abbaye-Saint-Germain-des-Prés.

Depuis long-temps M. Arnheiter est connu pour avoir établi à Paris une fabrique centrale et toute spéciale *d'intruments d'horticulture* et *d'agriculture*, dont plus de 300 sont ou nouveaux ou par lui perfectionnés.

248. — SIMON, fabricant de LUNETTES, à Paris, rue Montmorency, n. 37.

Fabricant de lunettes en or, en argent, en écaille, lorgnons, face à main et lunettes mécaniques ; fabrique la pomme de canne à face, à ressort, à lorgnon, à tirage ; les ombrelles, cravaches, manches de parapluies, tabatières en tous genres, à face, à ressort ; cachets de bureaux à face et à ressort ; manches d'éventail à face et à ressort, canues évidées à face et à ressort, et généralement tout ce qui concerne son état.

249. — DE BEMY, peintre, à Paris, rue du Faubourg-Saint-Martin, n. 23, au premier.

Ayant obtenu une médaille à l'exposition de Valenciennes en 1835, et celle de l'Académie de l'industrie en 1837.

Cet artiste distingué peint les collections de papillons et les monte artificiellement, et fait tous les ouvrages de tapisserie ou de peinture ; il peint aussi des sujets ou fleurs sur étoffes pour robes, écrans ou stores, et sur plumes, et répare tous les objets d'arts ou de curiosité.

On ne peut rien imaginer de plus parfait, a-t-on dit à propos de ses produits, comme imitation des peintures chinoises sur soie, que les écrans exposés par M. de Bemy.

Il expose des collections de papillons, des écrans à feu, d'autres à main (façon de Chine), quelques uns en plume, des stores et des peintures sur étoffes pour tentures, robes, écharpes, ceintures et nouveautés.

250. — FRANÇOIS et ARNAL, fabricants d'ENCRES TYPOGRAPHIQUES, à Paris, barrière et chaussée de Fontainebleau, n. 20.

Fabriquent et exposent divers échantillons d'encres typographique et lithographiques de leur composition, pour lesquelles ils ont reçu une mention honorable à l'exposition nationale de 1839.

251. — FLORANGE, ébéniste, fabricant de MEUBLES, Paris, boulevart Beaumarchais, n. 63.

Expose des meubles en bois de palissandre sculpté, et divers autres objets d'ébénisterie unie et incrustée.

252. — Mme DUPRÉ, fabricante de CEINTURES PÉRIODIQUES pour les femmes, à Paris, rue Montholon, n. 7 ter.

L'utilité de ces ceintures sera trop facilement reconnue pour que nous ayons besoin de chercher à la faire ressortir, car il est des misères de la vie humaine que l'on ne saurait trop adoucir.

253. — CLANCAU (Eugène), fabricant de PAPIERS MÉTALLIQUES HYDROFUGES, à Paris, rue de Charonne, n. 97.

Depuis bien long-temps Messieurs les architectes cherchaient un moyen d'empêcher les murs, même légèrement salpêtrés , d'altérer les papiers de tenture ; aujourd'hui le *papier métallique hydrofuge* leur donne la solution de ce problème : car, une fois appliqué sur les murs, il empêche l'humidité de se répandre dans l'intérieur des maisons. L'expérience ayant donné toute réussite , ce papier doit donc fixer l'attention spéciale de MM. les architectes.

254. — BLANCHARD, coutelier, fabricant d'OUTILS pour selliers, rue des Gravilliers, n. 37.

Ayant obtenu une médaille à l'exposition nationale de 1834, et une autre médaille d'honneur de l'Académie de l'industrie en 1837.

Expose un assortiment d'outils entièrement nouveaux, propres aux selliers , et dont la qualité est aussi véritablement bonne que celle de ceux fabriqués en Angleterre (a dit le rapporteur de notre Académie). Tous ces outils, quoique simples objets de vente courante , ont le fini de la coutellerie de luxe, sans être d'un prix bien plus élevé que celui des mauvais outils de pacotille.

255. — TRONCHON , fabricant de GRILLAGES MÉCANIQUES, à Paris, rue Montmartre , n. 142.

La fabrication des grillages à la main est toujours très coûteuse et force à les tenir à des prix assez élevés ; aussi , pour les ramener à des prix plus modérés, M. Tronchon a eu l'heureuse idée de fabriquer ces grillages par des moyens mécaniques qu'il met en mouvement avec le secours d'une machine à vapeur , ce qui permettra maintenant de faire un bien plus grand usage des grillages pour garnir les fenêtres ou les grilles et claires-voies.

256. — PRÉLAT , armurier, breveté, à Paris, place Vendôme, n. 24, et rue Neuve-des-Petits-Champs, n. 103.

Les armes fabriquées par M. Prélat sont toujours dignes de la réputation de cet armurier.

Il expose deux pistolets , dont l'un à cinq et l'autre à six coups, à division fixe, partant à volonté et successivement par la seule pression de la détente , et pour lequel système il a été breveté en 1839. Il expose encore une autre paire de pistolets de combat d'un genre nouveau et plusieurs fusils de chasse.

257. CROIZAT, COIFFEUR, à Paris, rue de l'Odéon, n. 33.

Expose divers modèles nouveaux de perruques et des savons de nouvelle qualité et de nouvelle invention.

258. — VINCENT, MOULEUR, à Paris, rue Neuve-Saint-François, n. 14, au Marais.

Est l'auteur d'un moulage sans coutures ni réparages, avec conservation des modèles.

Il expose plusieurs échantillons de ses produits, parmi lesquels on remarque des objets moulés sur nature, sur cire, sur cuivre et sur ivoire.

259. — AULOY, fabricant de linge damassé, à Marcigny-sur-Loire, département de Saône-et-Loire.

Expose divers échantillons de linge de table damassé en fil, des toiles de diverses finesses et du lin par lui récolté.

260. — HOUDAILLE, fabricant de bijoux en faux, breveté de la reine, rue S.-Martin, n. 171, à Paris.

Ayant obtenu une médaille à l'exposition de 1834 et une médaille d'argent de l'Académie de l'industrie en 1836.

Expose 1° Des bijoux en imitation d'or, joignant à l'avantage d'être livrés au commerce à des prix très minimes celui d'être garantis d'une dorure à toute épreuve et fabriqués avec le plus grand soin dans tous leurs détails. Il suffit, du reste, de les examiner pour les apprécier. Les prix des boucles sont de 2 fr. à 12 fr. environ, et ainsi des autres articles, plus ou moins;

2° Des bijoux pareillement en imitation d'or, mais de la plus grande richesse d'exécution;

3° Des bijoux en jais et d'autres en fer, genre de Berlin, d'une légèreté et d'une finesse de travail très remarquables, se vendant à très bon marché, et en tout point préférables à ceux qui nous viennent de l'étranger.

261. — MAHIET, inspecteur d'assurances, à Paris, rue du Bouloy, n. 18.

Expose un fusil à percussion de nouvelle invention.

262. — CODY aîné, ancien raffineur, au Vacken.

Expose le dessin d'un appareil à concentrer les liquides, de nouvelle invention, et breveté en 1838.

263. — DIDELLE, chapelier, à Paris, boulevart des Italiens, n. 20.

Fabrique tout spécialement deschapeaux et coiffures pour les enfants.

Il en expose plusieurs échantillons. On trouve chez lui un grand assortiment de ces produits, ainsi que des chapeaux d'hommes ordinaires et de toutes les formes.

264. — MOREAU (Alphonse), mécanicien, inventeur breveté d'un nouveau régulateur du vent, au Blanc (Indre).

Jusqu'à ce jour on a cherché inutilement à régler d'une manière absolument parfaite le vent dans les feux de forges. C'est pour arriver à ce but que M. Alphonse Moreau, du Blanc, a imaginé et expose un RÉGULATEUR propre à lancer à la fois une même quantité de vent dans plusieurs fourneaux.

265.— LAINÉ, cartonnier, à Paris, rue Michelle-Comte, n. 43.

Expose des cartons de bureau d'un nouveau genre et d'un prix très modéré, et fabrique tous les cartonnages d'utilité et des plus solides.

266. — COULON, serrurier, fabricant breveté de GRILS DE CUISINE, à Paris, rue de l'Arcade, n. 19.

Vient d'obtenir un brevet d'invention pour un *nouveau gril* qui préserve de la mauvaise odeur et de la fumée dans les cuisines ou les appartements qui les avoisinent ; il offre encore l'avantage de conserver le jus et la graisse des viandes qu'on y fait griller. Cet ustensile de ménage est peu dispendieux, et son utilité sera facilement reconnue par tous ceux qui en feront usage.

267.—BILLARD, fabricant de PEINTURES VITRIFIÉES, à Paris, rue Neuve-Ménilmontant, n. 15.

Se livre toujours à la fabrication des peintures vitrifiées ; il est du très petit nombre de ceux qui sont parvenus à faire revivre la peinture sur verre avec autant de perfection que celle qu'on trouve sur les anciens vitraux.

268. — SERVEILLE aîné, ingénieur, à Paris, rue d'Amboise, n. 4.

Expose un fragment des rails du chemin de fer d'Orléans,

qui présente des pièces de bois longitudinales sur lesquelles sont fixées au moyen de chevilles particulières des plates-bandes en fer.

Il expose en outre un train de locomotive propre à être facilement enrayé, et destiné surtout à tourner dans un court rayon.

269.—FICHET (Isidore), CARROSSIER, à Meaux, (Seine-et-Marne).

Expose, faute de place suffisante, le plan d'un chemin de fer propre à l'exploitation des carrières, qui facilite le roulage des pierres tant dans l'intérieur qu'à la surface du sol. Ce chemin, qui peut aisément se démonter par petits fragments et tourner dans un court rayon, est déjà adopté à Châtillon-sur-Seine, dans les carrières de M. Lalot.

270. — DUNAN, pharmacien, à Paris, rue du Marché-Saint-Honoré, n. 5.

Expose de l'eau dentifrice pour nettoyer les dents et rafraîchir la bouche et les gencives. Il expose en outre de la poudre pour faire immédiatement des boissons sucrées et gazeuses.

271. — DUBOURJAL, entrepreneur de couvertures en zinc et en plomberie, à Paris, boulevart Basse-Saint-Denis, n. 6.

La plomberie chaque jour se tourmente pour imaginer des couvertures en zinc plus commodes que celles actuellement en usage. M. Dubourjal, ayant aussi essayé un nouveau mode d'appliquer le zinc aux couvertures, expose des modèles de ses couvertures métalliques; elles ont été soumises à l'examen de MM. les membres du conseil des bâtiments civils, qui en ont reconnu les avantages dans leur rapport du 19 décembre 1839, et ont constaté que la capillarité ne peut laisser aucune fraîcheur dans les parties recouvertes.

L'inventeur garantit ses travaux pendant quinze années.

Il se charge de tous travaux de plomberie et couverture en tous genres.

272. — GRANGOIR, breveté, serrurier-mécanicien de S. M. la reine des Français, boulevart Poissonnière, n. 6, à Paris.

Honoré de plusieurs médailles; fabricant de caisses, de

coffres-forts et de serrures de sûreté à gardes mobiles, à la Bramah, perfectionnées et exécutées par lui, ayant obtenu une médaille d'honneur de l'Académie de l'industrie en 1837.

Expose un coffre-fort, diverses serrures et autres produits.

Nota. Les nos suivants ne se trouvent pas sur le catalogue, les propriétaires des produits qu'ils indiquent n'ayant pas adressé leurs avis en temps utile.